Bosnische Gebirgspferde – autochthon und erhaltenswert

Liebenswerte Reit-, Trag- und Lasttiere:

Bosnische Gebirgspferde – autochthon und erhaltenswert

Herkunft, historische Wurzeln und Entwicklung, aktuelle Situation

Mit Beiträgen von Petra Leckler, Fahrudin Hrasnica, Refik Telalbašić & Enver Žiga, Michael Schäfer, Vukan Šola, Anton Dolinšek und Friedrich Hainbuch

Bearbeitet und herausgegeben von Friedrich Hainbuch

Shaker Media

© Prof. Dr. Friedrich Hainbuch
1. Vorsitzender der Gesellschaft der Freunde, Förderer und Züchter des Bosnischen Pferdes e.V.
Eckendorfer Str. 44 – 53343 Wachtberg

Weitere Texte:
P. Leckler: Kap. I; F. Hrasnica u. M. Schäfer: Kap. II, 3; V. Šola: Kap. III, 3;
R. Telalbašić & E. Žiga: Kap. III, 1,2,4-7, Kap. IV und V; A. Dolinšek: Kap. VIII

Satz und Layout:

Printed in Germany.

ISBN 978-3-95631-311-0

Shaker Media GmbH • Postfach 101818 • 52018 Aachen
Telefon: 02407 / 95964 - 0 • Telefax: 02407 / 95964 - 9
Internet: www.shaker-media.de • E-Mail: info@shaker-media.de

Vorwort des Bearbeiters und Herausgebers

Oft ist es im Leben so, dass man erst handelt, wenn der Leidensdruck am größten ist.

Nach unserer informativen, anstrengenden Bosnienreise im August 2013 war allen Beteiligten klar, nun muss etwas geschehen, damit es nicht dazu kommt, dass – von der Öffentlichkeit nicht wahrgenommen – eines Tages das autochthone Bosnische Gebirgspferd stillschweigend seine Existenz beendet hat und praktisch von der Landkarte als eigenständige, uralte Pferderasse verschwunden ist. Deshalb haben wir uns sehr intensiv daran gemacht zu handeln.

Die Gesellschaft der Freunde, Förderer und Züchter des Bosnischen Pferdes e.V. hat sich im Jahr 2014 dazu entschieden, die wenigen Kontakte in das Ursprungsland Bosnien und Herzegowina zu nutzen, um von dort wenigstens ein paar Stuten herauszuholen und nach Deutschland zu importieren, um zum ersten einen Beitrag zum Erhalt des Genpools des Bosnischen Pferdes zu leisten, zum zweiten aber auch „im sicheren Ausland" dafür Sorge zu tragen, dass es mit der Zucht des reinen Bosniaken weitergehen kann. Deshalb wurden nur die Pedigrées von Pferden aufgenommen, die nachweislich im Stammbaum einen Bezug zu Borike haben.

Darüber hinaus wurde das „Projekt Buchveröffentlichung" forciert und mit Hochdruck in die Fortsetzung gebracht, um im Laufe des Jahres 2015 diese umfangreiche Dokumentation über diese Pferderasse mit ihren Wurzeln, ihrer Entwicklung und der derzeitigen Gesamtsituation im Ursprungsland und in Deutschland veröffentlichen zu können.

Nur durch die tatkräftige Unterstützung aller Vereinsmitglieder und aller, die auf irgendeine Art und Weise eine Affinität zum Bosnischen Gebirgspferd haben, konnte diese gewaltige Aufgabe gelingen, vor allem, weil es nicht so ganz ohne Schwierigkeiten möglich war, altes Fotomaterial, welches aus den 1970-1990-er Jahren noch nicht digital vorliegen kann, zu aktivieren und so zu verfeinern, dass eine Präsentation und damit auch eine bleibende Erinnerung an all unsere Pferde in Form dieses Buches möglich werden konnte.

Deshalb möchte ich mich an dieser Stelle bei allen Reiterinnen und Reitern, bei allen Vereinsmitgliedern und PferdebesitzerInnen sowie Liebhabern dieser besonderen Pferderasse bedanken, die ihre Archive und Erinnerungen durchgeschaut haben, um uns ihre fotografischen Erinnerungen zur Verfügung zu stellen. Des weiteren gilt mein Dank Frau Laura Richter vom Shaker Media-Verlag, die den Mediengestalter Denis Braun und mich immer wieder ermuntert, uns beratend zur Seite gestanden und somit zum Gelingen dieses Projektes beigetragen hat.

Des weiteren gilt mein Dank Petra Leckler, Enver Žiga, Prof. Dr. Mehmed A. Akšamija und im besonderen Anton Dolinšek, die mir alle unermüdlich und unverdrossen gewünschtes Material zur Verfügung gestellt haben und damit eine sehr wertvolle Stütze waren, um dieses Projekt zu einem gelungenen Abschluss zu bringen.

Weitere Texte und Forschungen konnte ich dankenswerter Weise von leider nicht mehr lebenden Pferdeexperten wie F. Hrasnica, E. Meleki, M. Schäfer, V. Šola, A. Staffe und Prof. R. Telalbašić für einzelne teilweise große Kapitel nutzen.

Noch ein Wort zum Bildmaterial: Viele Bilder stammen aus einer Zeit, in der es noch keine Digitalkameras und Computer gab. Dennoch haben wir uns bemüht, aus dem vorhandenen privaten Archivmaterial das Beste zu machen, was möglich war und ist. Im Sinne einer historischen Dokumentation, die diese Bilder nun auch sein sollen, denke ich, erscheint es gerechtfertigt, auch ein nicht so ganz perfektes Bild abzudrucken. Ich hoffe, dass Sie als geneigte Leserin und geneigter Leser diesen Umstand berücksichtigen und akzeptieren können.

Nun wünsche ich allen Leserinnen und Lesern eine vergnügte Kurzweil und hoffentlich die ein oder andere auch tatkräftige Unterstützung für unser Ziel des Erhaltes einer einzigartigen europäischen Pferderasse.

Wachtberg, im Juni 2015

Friedrich Hainbuch

Inhaltsverzeichnis

I Der Bosniake – eine Liebeserklärung

Spielende Hengste – Miško XV und Ramiro
Besitzer und Foto: Tanja-Christin Trefz

Der Bosniake…

…scheint auf den ersten Blick ein ganz gewöhnliches Pferd zu sein, dazu noch ein ziemlich kleines, ein Pony. Nun, dieser Blick täuscht, wie der folgende Bericht zeigt. Wie alle Vertreter der Spezies Pferd hat auch der Bosniake hinten und vorne je zwei Beine, hinten einen besonders schönen Schweif und vorne, durch Hals vom Rumpf getrennt, sitzt der Kopf mit den wohlgeformten Ohren, der sensiblen Nase, dem Maul und den neugierigen Augen. In der Mitte ist der Bosniake gern ein wenig rundlich.

Es gibt den Bosniaken in verschiedenen Erscheinungsbildern. Eine bunt gemischte Schar von Liebhabern und Geliebten aus unterschiedlichen Rassen hat ihre Spuren im Erbgut hinterlassen. Manche erinnern mit ihren ausladenden Hinterteilen und muskulösen Schultern an gutmütige Kaltblüter, die Tag für Tag ihre Runden über Felder ziehen oder köstlichen Gerstensaft von A nach B bringen.

Es gibt auch den arabischen Typus, schlanker, hoch gewachsen, langbeinig wie Claudia Schiffer, von Kennern auch der "bosnische Roadrunner" genannt. Andere sind eher klein und sehen sehr lieb aus und verführen zu der irrigen Annahme, man könne sein dreijähriges Töchterlein draufsetzen und das brave Pferdchen trüge dieses dann gemütlich ums Haus herum und warte, bis wir den Nachwuchs wieder runterheben. Von einem solchen Versuch ist dringend abzuraten, es sei denn, der Rasen Ihres Nachbarn ist Ihnen schon lange ein Dorn im Auge oder Sie überlegen, wie Sie Ihr Töchterlein loswerden können. Aber wer will das schon…

Zwei wichtige Punkte zur Beurteilung der Rasse sind der IQ (Intelligenzquotient) und der GQ (Gehorsamsquotient). Leider verhalten sich diese beiden Faktoren umgekehrt proportional zueinander. Das heißt, je intelligenter der Bosniake, desto weniger neigt er zu blindem Gehorsam und leider (?) ist die hohe Intelligenz eines der Hauptmerkmale dieser Rasse.

Wer außer ihnen ist imstande, ein kompliziertes Procedere zu entwickeln, wie man unter Einsatz aller Herdenmitglieder ein rangniederes Tier dazu bringt, Strom gesichertes Futter zu entsichern und dieses arme Hascherl dann auch noch zu vertreiben und selber zu fressen? Zugegebenermaßen spricht es nicht für ein hoch entwickeltes Sozialverhalten aus menschlicher Sicht, allen sensiblen Zeitgenossen sei jedoch versichert, es bleiben immer ein paar, wenn auch klägliche Reste für die Underdogs der Herde übrig und der Hungertod ist für einen Bosniaken höchst unwahrscheinlich. Ein dummer Bosniake soll angeblich ein Ausbund an Gehorsam sein, immer brav und folgsam. Dies muss jedoch als "Hören-Sagen" behandelt werden, mir persönlich ist noch kein dummer Bosniake begegnet. Die Fähigkeit, Essbares zu sehen, zu schmecken, zu riechen, zu hören (ich schwöre, sie können das Gras wachsen hören!) ist mindestens so gut entwickelt wie ihr Talent, Menschen dazu zu bewegen, sie zu füttern. Keine Rasse der Welt kann so ausgehungert dreinschauen. Wenn Ihnen bei einem Spaziergang auf einer Weide ein wunderschönes, meist recht pummeliges Pony begegnet, das irgendwie trotzdem auf Sie den Eindruck macht, es hätte seit Wochen nichts gegessen, dann ist das ein Bosniake. Schauen Sie ruhig genauer hin, ist es nicht ein tolles Pferd? Geben Sie ihm nichts, er wurde unter Garantie gerade gefüttert. Außerdem wird es sich beileibe nicht artig bedanken, es fordert Nachschub und zwar pronto!

Die Grundeinstellung des Bosniaken ist zutiefst pessimistisch. Auch nach vielen Jahren wird er Ihnen nicht soweit vertrauen, dass er glaubt, die Haferrechnung würde schon von Ihnen bezahlt. Wer weiß, ob es morgen wirklich noch etwas gibt. Er rechnet mit Ihrem Konkurs, geistiger Verwirrung oder mit Ihrem Ableben und frisst deshalb lieber heute alles was er kriegen kann. Es hilft auch wenig, ihn jahrzehntelang täglich auf die Weide zu stellen, um ihm Vertrauen einzuflößen. Er wird versuchen, sie in möglichst kurzer Zeit abzuweiden. Vielleicht läuft der Pachtvertrag aus? Sie lieben ihn nicht mehr? Andere Pferde könnten kommen und sein Gras vertilgen… Der Bosniake handelt nach dem Motto „was Du heute kannst besorgen…“

Entgegen anders lautenden Gerüchten ist der Bosniake ein angenehmes, bequemes Reitpferd. Wenn man reiten kann und sich den passenden Typ aussucht. Hier sollte man einen Bosniakenkenner fragen, bevor man sich auf die Aussage verlässt, diese Ponys wären alle scheusicher, gelassen, lauffreudig und robust, was immer das heißen soll... Es gibt auch hier rühmliche Ausnahmen und man erkundige sich nach den jeweiligen individuellen Vorlieben und

Abneigungen. Ansonsten kann es passieren, dass einen der Hüpfer an einem hochexplosiven Wasserschlauch kalt erwischt, oder man findet sich zügellos auf einem kleinen Pferd wieder, das gierig im Mais steht und hemmungslos denselben verschlingt, bevor man auch nur gemerkt hat, wie man dahin gekommen ist.

Auch auf reiterliche Fehler reagiert der Bosniake nicht einheitlich. Die freundlichste Variante besteht darin, einfach weiterhin das zu tun, was er ohnehin getan hätte. Auf besonders gemeine Forderungen Ihrerseits wird er ziemlich wahrscheinlich mit sturem Stehenbleiben antworten. Es bedarf dann Ihrer ganzen Überredungskunst und energischem Vorgehen, wenn Sie Ihren Kopf durchsetzen wollen. Es ist nicht empfehlenswert, den Bosniaken gewinnen zu lassen. Er hat ein Gedächtnis wie ein Elefant und wird immer wieder versuchen, Sie zu einer (für ihn!) bequemeren Lebensweise zu überreden.

Gezielte Abwürfe, Steigen, gefährliches Buckeln etc. kommen bei den Bosniaken, mal abgesehen von den Hengsten unter hormonellem Einfluss oder im Angesicht einer flirtenden Stute eher selten vor. Böse Zungen begründen dies mit der Abneigung gegen unnötige körperliche Betätigung, während Bosniakenfans darin eine gute Charaktereigenschaft sehen. Vielleicht haben ja beide recht, im Ergebnis trägt es jedenfalls zur Beliebtheit dieser Pferde bei.

Eine allgemein gültige Gebrauchsanweisung kann leider nicht abgegeben werden. Während der arabische Typ möglichst ohne Druck und zumindest in Gesellschaft mit angezogener Handbremse (aber bitte ohne viel Zügeleinwirkung!) geritten wird, eignet sich manch anderer Bosniake zur Bekämpfung von Oberschenkelfett, das recht schnell in Muskelmasse umgewandelt wird, wenn man versucht, mit anderen Pferden Schritt zu halten. Wobei es sehr hilfreich wäre, mit diesem Typ immer nur Richtung Stall und Futterkrippe zu reiten, hier kann er nämlich ordentlich an Tempo zulegen. Es handelt sich natürlich hierbei um die großen Ausnahmen, die meisten "Bossis" laufen ausgesprochen gerne, sind ausdauernd in allen drei Grundgangarten, und bequemere Gänge müssen Sie lange suchen.

Der Gebrauch von Leckerlis bei der Ausbildung, von der einschlägigen Fachpresse oft empfohlen, funktioniert natürlich auch bei einem Bosniaken, allerdings nicht ohne Nebenwirkungen. Er lernt zwar innerhalb weniger Minuten, sich nicht vor einer quietschorangen Knisterplane zu fürchten. Wenn Sie sein Leibgericht einsetzen, können Sie das Pony in die Folie wickeln und es zärtlich damit rundherum streicheln.

ABER: Es dauert Monate, wenn nicht Jahre, bis Ihr Pferd sich damit abfindet, dass Sie nicht jedes Mal, wenn ihm etwas Orangefarbenes begegnet, in die Tasche greifen. Wenn es Ihnen nichts ausmacht, aus dem Jagdgalopp eine Vollbremsung hinzulegen, weil irgendwo am Boden ein Bonbonpapier der entsprechenden Reizfarbe herumliegt, bitte, dann bilden Sie ruhig mit Naschzeug aus, aber behaupten Sie bitte hinterher nicht, Sie hätten von nichts gewusst.

Jeder Bosniake ist eine Persönlichkeit, die es verdient, verstanden, geachtet und geliebt zu werden. Er ist clever, er ist zäh, er ist trittsicher, er ist gutmütig, er ist eigenwillig, er ist unwiderstehlich. Glauben Sie nicht, dass es möglich ist, einen Bosniaken zu besitzen, er wird Sie besitzen und zwar mit Haut und Haaren. Er wird sich in Ihrem Herzen einnisten, Ihnen die Haare vom Kopf fressen, er wird Sie mit seiner Sturheit ärgern und Sie immer wieder durch seinen Einfallsreichtum überraschen.

Kurzum: Er wird Sie glücklich machen.

Lischka und Lawina
Besitzer: Petra Leckler

Um diese Liebe und Freude im Umgang mit diesen besonderen Pferden zu erhalten und zu fördern, hat sich der Autor entschlossen, den Reinerlös aus dem Buchverkauf an das Förderprojekt der Gesellschaft der Freunde, Förderer und Züchter des Bosnischen Pferdes e. V. zur Rettung (durch Import) und Erhaltung des Bosnischen Gebirgspferdes zu spenden.

Gern dürfen auch Sie spenden
(mit Spendenbescheinigung) auf

Volksbank Wachtberg eG

Konto	305 161 012
BLZ	370 698 05
IBAN	DE21 3706 9805 0305 1610 12
BIC	GENODED1WVI

II Steckbrief des Bosnischen Gebirgspferdes

Zwei Bosnische Gebirgspferde mit ihren Reiterinnen vom Hainbuchenhof genießen den Ritt ins Frühjahr 2015
Foto: F. Hainbuch

1. Wesen, Charakter, Interieur

Das Bosnische Gebirgspferd ist ein zuverlässiges, kleines, leistungsfähiges Berg-, Trag- und Distanzpferd. Es ist genügsam, robust, regenerationsfähig, langlebig und bekannt für seine Ausdauer. Es ist ein Gebirgstier, das im Allgemeinen unter ziemlich großen Entbehrungen leben und arbeiten muss. Daher ist es gegen extreme Kälte und Hitze auf eine natürliche Art widerstandsfähig. Seinem Wesen nach ruhig und hart, ist es von fester Gesundheit, trittsicher im extremen Gelände, auch unter schwerer Belastung. Es ist gehorsam und zeigt Einsatzwillen, besitzt Temperament, das aber immer gepaart ist mit Ausgeglichenheit.

Besonders im Gebirgseinsatz und in schwierigem Gelände hat es sich als instinktsicher bewährt, mit ausgeprägten Orientierungssinn und einer guten Portion Intelligenz und Anhänglichkeit. Gewinnt ein Mensch sein uneingeschränktes Vertrauen, kann er sich in jeder Situation auf seinen vierbeinigen Begleiter verlassen. In Kinderhand gehört dieses Kleinpferd nur bei solider Ausbildung und unter der Obhut eines erfahrenen Erwachsenen.

Beim Begehen einer mit Bosnischen Gebirgspferden besetzten Weide kann man, ohne das Äußere der einzelnen Pferde genau zu begutachten, fast immer sofort sagen, ob es sich um ein reinblütiges Tier handelt, das entweder im (dunkel)braunen Ponytyp oder im fahlgrauen Tarpantyp steht, oder ob man es mit einem Mischling zu tun hat, in den vor Generationen Araberblut eingekreuzt wurde. Die reinen Bosniaken sind eher zurückhaltend und suchen den Kontakt zum Menschen in echter Wildpferdemanier viel weniger als die oft ziemlich aufdringlichen Kreuzungstiere, die wie viele Kleinpferde gern um Futter betteln oder doch zumindest die Nähe des Menschen aufsuchen, um seine ungeteilte Beachtung zu bekommen.

Bild 1: Hengst
Bild 2: Stute

Pferde, die das heutige und hoffentlich auch zukünftige Bosnische Gebirgspferd verkörpern

Fotos: F. Hainbuch

2. Exterieur: Körperbau und Farben

Größe: 128-145 cm Stockmaß

Kopf: ausgeprägter Ponykopf mit geradem Nasenrücken, ziemlich breite Stirn, ausgeprägte Nüstern

Augen: groß, klar, lebhaft, dunkel, klug blickend

Ohren: mittelgroß, zuweilen groß, hochangesetzt

Hals: ausgewogen, kräftig, mittellang

Brust: tief, gute Rippenvollendung

Schulter: gut gelagert, schräg

Rücken: tragstark, mittellang mit muskulöser Nieren- und Lendenpartie

Kruppe: waagerecht oder leicht schräg abfallend, mit tief angesetztem stark behaartem Schweif, ansonsten üppiger Behang

Rumpf: guter, starker Knochenbau, möglichst breit gebaut

Gliedmaßen: kräftig mit kurzen Röhrenknochen, Umfang bis 18,0 cm, deutlich markierte Sehnen und Gelenke

Hufe: klein, fest, eisenhart und gut geformt; weniger erwünscht sind Tellerhufe

Gangarten: Grundgangarten, harmonischer Schritt und Trab, gute Galoppaden

Aktion: Die Bewegungen sind leicht, sicher, viel Boden deckend, mit entsprechendem Schub aus der Hinterhand.

Gewicht: der Größe des Tieres angemessen, ca. 350-550 kg

Farben: Meist alle Variationen der Farben braun, dunkelbraun bis schwarz, aber auch Füchse und Mausgraue.

Seltener sind Schimmel, was immer ein Hinweis auf die Kreuzung mit einer Fremdrasse (meist Araber) darstellt, auch wenn eine derartige Einkreuzung schon mehrere Generationen zurückliegen kann. Ebenso deuten Abzeichen darauf hin, dass in der Vergangenheit irgendwann einmal nicht rein gezüchtet wurde. Schecken kommen nicht vor.

3. Ein Blick zurück

Das bosnische Gebirgspferd stand viele Jahrhunderte unter dem Einfluss verschiedener orientalischer Pferderassen, besonders arabischer Pferde, sodass im Laufe der Zeit eine Veränderung der dargestellten Urformen hervorgerufen wurde. Wegen des sehr häufigen Einsatzes gerade dieser Pferderasse seit etwa 1880 in der Landespferdezucht ist der reine Gebirgstyp – der vornehmlich im Gebirgsdienst als Tragpferd im Frieden auf schmalen und gefährlichen Karawanenwegen Handelswaren zwischen Adriatischem Meer und Konstantinopel beförderte und im Krieg ein kaum entbehrliches Transportmittel für Munition darstellte, eingesetzt wurde – in großem Maße verloren gegangen. Diese Veredelung führte zu einem größeren Stockmaß und zu einer gewissen Veredelung des Bosnischen Pferdes; gleichzeitig aber verlor es damit viele positive Eigenschaften, die es gerade für den Einsatz im Karstgebirge besonders qualifizierte. Eine engere Brust und Flachrippigkeit sowie die ausdrucksvoll längeren Extremitäten waren weitere äußere Anzeichen, dass mit Arabern gezüchtet wurde; leider aber entspricht ein solches Pferd nach Hrasnicas Beurteilung nicht der Grundlage für ein echtes Gebirgspferd. Somit führte der Deckeinsatz von arabischen Pferden zwangsläufig zur Typänderung, sodass der Typus des ursprünglichen Gebirgspferdes und besonders des Schwerlastträgers im schweren Gelände zu verschwinden begann.

Dieser Schwerlasttyp, der vor allem in der Holz-, Landwirtschaft und beim Militär zum Einsatz kam, sollte ungefähr ein Stockmaß von ca. 135 cm, eine wohlproportionierte Breite und Tiefe, starke Knochen besitzen und tendenziell mehr im Rechteckformat stehen, um auf diese Weise die notwendigen Körpermaße, welche die Rolle des Gegengewichtes beim Tragen der Lasten zu spielen hatte, zu erzielen.

Deshalb wurde in der Landespferdezucht die Verwendung der Araber auf ein Minimum begrenzt und außerdem nur noch typische Gebirgshengste zur Körung zugelassen. Diese festgelegte und strenge Züchtungsarbeit nach diesem Typ entwickelte sich kontinuierlich durch die Reinzucht im Hauptgestüt Borike; von dort wirkte dann auch diese Zucht in die Landespferdezucht hinein. Interessant zu beobachten war, dass die Größe, die Rumpfbreite und -länge bei den Hengsten sich schneller vollzog als bei den Stuten. So konnten sich schon etwa drei Jahrzehnte später schwere Lastträger herauskristallisieren, die dann auch in der weiteren züchterischen Arbeit eingesetzt wurden. Hier spielte der leichtfuttrige Hengst 7 Miško (ein Tarpantyp) mit einem Stockmaß von 137 cm und im Rechteckformat tief und breit stehend, mit kurzen Röhrbeinen, breiter Stirn, breitem und kurzem Hals eine herausragende Rolle.

All diese Merkmale vererbte er komplett an seine männlichen und weiblichen Nachkommen. Ein derartiger derber Typ konnte hervorragend im leichten und mittelschweren Gebirge bei der Verwendung auf Karrenwegen im Zug- und Tragdienst durch die größere Belastungsfähigkeit eingesetzt werden, da das stämmigere Körpergewicht sozusagen als Gegengewicht beim Lasttragen den Tragdienst wesentlich erleichterte.

In vielen Bilddokumentationen aus österreichisch-ungarischer Zeit erscheint der Bosniake oft mit vielfach waagerechter Kruppe mit hochangesetztem, dünnbehaartem Schweif, mit kurzem Hals und markantem Hechtkopf, der mehr an einen kleinen Araber erinnerte als an ein urwüchsiges, stämmiges Pony. Diese stark orientalisierten Kleinpferde waren nicht so anspruchslos, regenerationsfähig, ausdauernd und tragfähig wie die reinrassigen Bosnischen Gebirgspferden, wie Hrasnica und andere Forscher festgestellt haben.

Wichtige Familiennummern und -namen, die teilweise noch heute in den Abstammungen zu finden sind, waren:

I Medina	VII Borka
II Lasta	VIII Lasa
III Ruza	IX Zagorka
IV Zorka	X Branka
V Dinarka	XI Iskra
VI Cula	

Neben dem Hengst 7 Miško wurden 8 Barut und 9 Agan eingesetzt, um den planmäßigen Zuchtaufbau zu stabilisieren und auszubauen. Mit einem Grad von 1.5625 % bis 15.625 % wurde mit dem typvollen Hengst 7 Miško auch Inzucht betrieben, um dessen gewünschte Merkmale deutlich in den folgenden Generationen zu manifestieren.

Allerdings beschreibt Michael Schäfer diese Abkömmlinge als derbe und massige Bosniaken, denen immer wieder in über 400 Jahren unter türkischer Herrschaft innerasiatische Pferde der Mongolen und Tartaren zugeführt wurden. Deshalb gab es bei reinrassigen Bosniaken die eigentlich untypische fahlhellbraune Fellfärbung, häufig mit Zebrastreifung an den Beinen sowie Aalstrich – diese

Zeichnungen waren und sind immer ein Zeichen dafür, dass auch Wildpferde in den bosnischen Pferden stecken – und neben einem etwas langrückigen Rumpf vielfach einen sehr langgestreckten, schweren, schmalstirnigen Kopf mit relativ kleinen Augen und verhältnismäßig langen Ohren.

Bis in die 1980er Jahre herrschte meist ein dunkelbraunes, häufig schwarzes Pony bzw. Kleinpferd von gut 130 cm Stockmaß und etwa 300-350 kg Gewicht vor, wobei auch damals etwas größere und schwerere Tiere von 135 bis 140 cm und etwa 380-400 kg angestrebt wurden. Die bei einem Röhrbeinumfang von 16-18 cm verhältnismäßig feingliedrigen Tiere standen vielfach im Quadratformat, ihre Länge, von der Bugspitze zum Sitzbeinende gemessen, entsprach also ungefähr ihrer Höhe. Diese Tatsache verriet trotz der überwiegenden Ponymerkmale zumindest der meisten Pferde aus Borike ihre Rundrippigkeit, ihren massiven, hochaufgesetzten Hals mit üppiger Mähne, ihrem kurzen breitstirnigen Kopf mit ruhigen Augen und kleinen Ohren, ihre runde, massive, muskulöse Kruppe mit tiefangesetztem, buschigen Schweif, verhältnismäßig kurzen Gliedmaßen und kleinen, hohen, wohlgeformten Ponyhufe.

Neben der mausgrauen Farbe des Tarpan, die immer wieder vorkommt, ist die rötlichbraune Wildfarbe des Przewalski-Pferdes sehr häufig anzutreffen. Diese Haarfarbenvererbung scheint es als eine gemeinsame Urquelle zu geben, was nicht nur für die Haarfarbe, sondern auch für die Urform des Exterieurs angenommen wird, so dass diese beiden Erbtypen in ihrer jeweils eigenen, extremen Gestalt vom Tarpan- und Przewalskityp zu beobachten sind.

Zu diesen beiden Urtypen gesellte sich dann noch ein Zwergtyp mit einer Widerristhöhe von ca. 125 cm, der als Spaltungsprodukt – eine im Ponytyp stehende Stute in einer Stutenfamilie – im ehemaligen bosnischen Gebirgsgestüt vorkam. So gesehen bilden diese Erbtypen die Grundlage zur Entstehung des bosnischen Gebirgspferdes, das aus dieser Sicht eine Population im genetischen Sinn der ursprünglich verschiedenen Erbtypen darstellt.

Ein grasender Tarpan
Aus E. Žiga & R. Telalbašić, The Bosnian Mountain Horse, S. 13

Das Przewalski-Pferd (wissenschaftlicher Name: *Equus ferus przewalskii*), auch Asiatisches oder Mongolisches Wildpferd genannt, ist die einzige wild lebende Pferdeart, die in ihrer Wildform bis heute überlebt hat. Benannt ist es nach dem russischen Expeditionsreisenden Nikolai Michailowitsch Przewalski, der 1878 von einer seiner Expeditionen nach Zentralasien Haut und Schädel der in der westlichen Welt weitgehend unbekannten und wissenschaftlich noch nicht beschriebenen Wildpferdeart nach St. Petersburg mitbrachte.

Grasende Przewalski-Pferde
Aus E. Žiga & R. Telalbašić, The Bosnian Mountain Horse, S. 14

Das Przewalski-Pferd war zum Zeitpunkt seiner wissenschaftlichen Erstbeschreibung bereits sehr selten. Das letzte freilebende Przewalski-Pferd wurde in den 1960er Jahren gesehen. Das Przewalski-Pferd ist jedoch bis heute erhalten geblieben, weil einige Großgrundbesitzer und Zoos diese Art in Gefangenschaft weiterzüchteten. Kurz nach Ende des Zweiten Weltkrieges waren es allerdings weniger als 40 Exemplare dieser Wildpferdeform, die in menschlicher Obhut gehalten wurden. Lediglich im Prager Zoo und im Tierpark Hellabrunn in München kamen und kommen noch Fohlen dieser Wildpferdeunterart zur Welt. Von München aus kommen dann einige Exemplare in den Nationalpark Bayerischer Wald; dort werden sie in einer kleinen Herde gehalten, bevor diese dann in ein bestehendes Auswilderungsprojekt nach Polen umgesiedelt werden. Die Etablierung eines Zuchtbuches und die engagierte Arbeit einiger Zoos ließen die Anzahl der heute lebenden Tiere wieder auf mehr als 2.000 Individuen ansteigen.

Bis etwa Mitte des 19. Jahrhunderts herrschte die dunkle Haarfarbe vor, erst mit dem Einsatz des Arabers kann mit Sicherheit vermutet werden, dass die Schimmelfarbe durch das arabische Pferd verbreitet worden ist. Nach statistischen Untersuchungen wurden in den 1950er Jahren unter 3800 bosnischen Pferden folgende Haarfarben festgestellt:

Schimmel 1046 (27,97%), Braune 1423 (38,05%) und Rappen 671 (17,94%), Füchse 474 (12,67%), Falbe, wildfarbig und mausgrau mit dunklen Streifenzeichnungen 121 (3,24 %), isabellfarben 5 (0,13%)

4. Haltung, Pflege

Weil das Bosnische Gebirgspferd sehr urwüchsig und genügsam ist und einen ausgeprägten Wildpferdcharakter hat, lässt es sich relativ einfach und unkompliziert halten und pflegen. Es sollte kein Problem darstellen, dieses Pferd ganzjährig draußen zu halten, mit natürlichen dichten Baumgruppen, in denen es sich bei Wind und Wetter, vor allem vor Nässe und Wind, schützen kann. Eine Unterbringung in einer Box widerspricht eigentlich seiner robusten und pflegeleichten Gesundheit. Es ist ein Tier der Bewegung und der ständigen Auseinandersetzung mit den konkreten Witterungs- und Geländebedingungen.

Zur Förderung und zum Training der Muskulatur wäre ein hügeliges, leicht bergiges Gelände immer von Vorteil und entspräche eher den Herkunftsbedingungen im Ursprungsland Bosnien und Herzegowina. Und wenn der Bewuchs nicht zu üppiges Grün enthält, sondern etwas karger ausfällt, dann erfreut sich die Pferderasse auch im hohen Alter bester Gesundheit.

5. Eignung, Verwendung

Zum Einsatz kommt das Bosnische Gebirgspferd vor allem als zuverlässiges Wanderreit- (auch als Transportpferd mit Trag-/Packsattel), Distanz- und Freizeitpferd. Bei konsequenter und grundsolider Dressurausbildung eignen sich einige Hengste schon allein durch ihre natürlich aufrechte (Hengst)Halsung zum Einsatz in der Hohen Schule der Dressur bzw. bei zirzensischen Übungen. Auch Kutschfahrten im Ein- oder Zweispänner machen ihren Fahrern nach einer intensiven Ausbildung als Fahrpferde große Freude, zumal sie im Ursprungsland häufig als Wagenpferde eingesetzt wurden.

Die in den beiden Weltkriegen hinreichend bekannt gewordene Ausdauer und Leistungsfähigkeit der Bosniaken unter einer Traglast oder unter einem Reiter deuten auf eine sehr alte Zucht auf Leistung hin, die wir auch von anderen ähnlichen Rassen mit jahrhundertelangen harten und nicht verweichlichenden Lebensbedingungen kennen und heutzutage möglicherweise an der Grenze zur Tierquälerei lägen. Im ehemaligen Jugoslawien war es bis in die 1980er Jahre üblich, Distanzritte zu veranstalten: 288 km in 30 Stunden und 26 Minuten; oder eine Tragleistungsprüfung mit einer Traglast von 79 kg auf einer Strecke von 45 km in 2 Stunden und 18 Minuten mit nur einer einzigen fünfminütigen Pause.

Die wohl herausragendste Distanzsportleistung war der Distanzritt anlässlich des 300jährigen Bestehens des Gestütes Lipizza, die mit ähnlichen Dauerritten in Asien und Amerika verglichen werden kann. Von einem geringen Gewichtsverlust abgesehen, absolvierten zwei Bosniakenstuten unter erwachsenen Reitern die 710 km lange Strecke von Borike nach Lipizza in neun Tagen ohne sonstige gesundheitliche Nachteile für die Pferde.

III Ursprung und Geschichte der Rasse bis 1918

Fohlen aus der Herde in Borike (2013)
Foto: F. Hainbuch

1. Der Bosniake als Mischungsprodukt verschiedener Urpferderassen

Im Bosnischen Gebirgspferd stecken viele Pferderassen, die sich in freier Wildbahn über Jahrtausende vermischt hatten, bevor es vor etwa 2600 Jahren domestiziert wurde. Manche vorkommenden Typen erinnern an die grauen polnischen Koniks oder an manche graubraun bis mausgrau gefärbten Huzulen der Kapaten. Diese Mischtypen, die bis dahin kaum Araberblut enthielten, haben eine gewisse Ähnlichkeit mit direkten Nachkommen des einst in Südosteuropa weitverbreiteten Tarpans. Und tatsächlich sprechen viele Eigenschaften des Bosnischen Gebirgspferdes für eine nahe Verwandtschaft oder zumindest für eine große Ähnlichkeit mit dem ausgestorbenen Pferdetyp, der vor der stärkeren Verkreuzung mit meist großwüchsigen Rassen auch in Russland und Polen sehr häufig vorkam.

Geritten wurde dieses Pferd von Reitern aus den nördlichen und nordöstlichen Nachbarländern Griechenlands, zu denen unter anderem das berühmte Reitervolk der Parther gehörte. Diese Länder gelten als das Ursprungsgebiet des oben erwähnten südosteuropäischen Wildpferdes, welches die Russen Tarpan nannten. Auch wenn der Einfluss des Tarpan vor allem von „westlichen“ Forschern immer wieder bezweifelt wurde, so sahen viele russische Forscher in ihm einen der Hauptstammväter aller unserer späteren

Hauspferde. Auch die prähistorische und frühgeschichtliche Pferdeforschung, die sich auf Knochenfunde stützt, lässt einen zweifelsfreien Einfluss des Tarpan erkennen. Anscheinend war er ein echtes Wildpferd mit einer komplizierteren Herkunftsgeschichte als bei anderen Urpferdetypen. Allerdings hat sich zwischenzeitlich herausgestellt, dass der Tarpan in der Nacheiszeit lediglich in Osteuropa beheimatet war, während die meisten Knochenfunde in weiten Teilen Mitteleuropas eher dem Warmblutpony vom Exmoortyp zuzurechnen sind. Nur manche der Gliedmaßen- und Schädelüberreste weisen tarpanähnliche Merkmale auf.

In den östlichen Teilen unseres Kontinents lässt der Tarpan sich seit der Würmkaltzeit (ca. 115.000-10.000 Jahre vor heutiger Zeit) durch verschiedene Funde aus unterschiedlichen Zeitabschnitten belegen. Dieses Wildpferd stellte sich als eine Wildstandsverkreuzung des Ponys vom Exmoortyp mit dem wilden Vorfahren des orientalischen Pferdes heraus.

Als sich das Klima zu Beginn der Würmkaltzeit zu verschlechtern begann, konnten die weit nach Norden vorgedrungenen Warmzonenwildpferde orientalischen Typs nur überleben, indem sie sich mit dem bestens an kühle Zonen angepassten Urpony vermischten, um widerstandsfähiger gegen die Kälte zu werden. Anfangs dürften sich diese unharmonischen Kleinpferdemischlinge weiter fortgepflanzt und immer wieder neues, frisches Ponyblut aufgenommen haben, bis allmählich über viele Generationen ein ausgeglichenes, im Aussehen und im Charakter zwischen den beiden Ausgangsurformen liegendes Pferd entstanden war. Diese über viele Jahrhunderte andauernde Anpassung des nördlichen an den orientalischen Ponytyp veranlasste die Forscher zu der Annahme, dass sich der Tarpan zu einem harmonischen, gegen extreme Kälte wie große Hitze besonders widerstandsfähigen Kleinpferd entwickelte. Leider hat sich der Mensch als das unersättlichste „Raubtier" erwiesen und den Tarpan in der zweite Hälfte des 19. Jahrhunderts ausgerottet.

Dieses Urwildpferd wurde mit einer Widerristhöhe von um die 130 cm beschrieben, harmonisch gebaut mit rundrippigem Körper auf verhältnismäßig feinknochigen und nicht allzu kurzen Beinen. Der Widerrist war ausgeprägter und der Kopf feiner, das Auge größer und die Ohren kleiner als beim Przewalskipferd, und sein mausgraues Sommerfell färbte sich im Winter beinahe weiß. Die dunkel pigmentierte Nüsternpartie wirkte edler als etwa beim Nordpony vom Exmoortyp. Immer waren ein Aalstrich, ein oft mehrstreifiges Schulterkreuz und Zebrastreifung an den Beinen vorhanden. Hellere Haare besäumten das dunkle Langhaar und die einen Stirnschopf aufweisende Mähne fiel bei den allermeisten Ponys zur Seite hin um. Vorder- und Hinterröhren waren an der Vorderseite schwarz gefärbt, die Hufe klein, rund und verhältnismäßig hoch.

Zu Beginn der 1930er Jahre, als in Forscherkreisen neben dem Przewalskipferd der Tarpan als zweiter Hauptvorfahre unserer Hauspferderassen angesehen wurde, begannen deutsche und polnische Forscher unabhängig voneinander mit einer Rückzüchtung des Tarpan. Dabei gingen sie von der Annahme, dass das Erbgut ausgestorbener Tierarten nicht vollständig verlorengegangen sein konnte, solange noch zahme Nachkommen existierten.

Die beiden deutschen Zoos in Berlin und München wollten ihn aus verschiedenen urwüchsigen Hauspferderassen wie Isländern, Norwegern, Bosniaken und polnischen Koniks wiedererstehen lassen. In Polen dagegen wurde in der Nähe von Bialowice eine Konikherde mit größtmöglichen Wildpferdemerkmalen in völliger Freiheit gehalten. Nach einigen Generationen bildeten diese Koniks eine harmonische Herde mausgrauer, feingliedriger Pferde mit langer Mähne, buschigem Schweif und Aalstrich. Der 2. Weltkrieg riss diese Herde vollständig auseinander. In zwei Gestüten sind die Koniks heute anzutreffen: In Popielno – hier lebt eine kleine Herde in völliger Freiheit in hartem kontinentalen Klima auf ca. 700 ha Waldgebiet ähnlich wie die Dülmener im Merfelder Bruch und in Stubno, hier werden diese Kleinpferde unter normalen Gestütsbedingungen aufgezogen und zu sämtlichen landwirtschaftlichen Arbeiten herangezogen.

2. Der Tarpan und Abkömmlinge

Wie bereits oben erwähnt, ist der der Tarpan ein urzeitliches Wildpferd, das jahrhundertelang in den unbewohnten Weiten Osteuropas und des europäischen Teils Russlands vorkam. Es herrscht ziemlich allgemeiner Konsens, dass der Tarpan für das Entstehen zahlreicher europäischer und asiatischer Pferderassen von großer Bedeutung war.

Über Jahrhunderte wurden diese Pferde gefangen und gezähmt, um für unterschiedliche und teils auch schwierige Aufgaben eingesetzt zu werden. Zudem wurde das Fleisch des Tarpan als Nahrungsmittel verzehrt, sodass ihm durch unkontrolliertes Jagen das völlige Aussterben drohte. Der letzte frei umherziehende Tarpan wurde 1879 in Crimea gesichtet, das letzte in Gefangenschaft lebende Exemplar starb 1887 in einem Zoo.

In Polen gab es 1930 eine Initiative zur „Auswilderung" des Tarpan. Dazu wurden zahlreiche domestizierte Tiere in zwei polnische Naturschutzgebiete ausgesiedelt: Popielno und Bialowice. Sie waren mit allem zum Überleben Notwendigen ausgestattet, sodass ihre Zahl stetig wuchs; allerdings ist festzuhalten, dass es sich heute um halbwilde Pferde handelt. Letztendlich aber sind die in Polen unternommenen Anstrengungen ein Beispiel dafür, wie im Falle bedrohter Arten verfahren werden kann.

3. Die natürlichen Lebensgrundlagen für das Bosnische Pferd

Klima und Topographie sind zwei Faktoren, die sich erheblich auf die Pferdezucht auswirken. Die klimatischen Bedingungen in ganz Bosnien und Herzegowina gelten als geeignet, da die Niederschläge gleichmäßig über das Jahr verteilt sind und die Jahreszeiten nur allmählich ineinander übergehen. Die durchschnittlichen Sommer- und Wintertemperaturen unterscheiden sich nicht so stark wie in Regionen mit Kontinentalklima, weisen aber auch nicht so geringe Unterschiede wie im Mittelmeerklima auf. Für die Pferdezucht sind diese Klimabedingungen außerordentlich günstig, da sie eine ganzjährig vielgestaltige Vegetation gewährleisten – die Grundvoraussetzung für den Auf- und Ausbau einer Pferdezucht.

Die mittlere Jahrestemperatur der Region schwankt zwischen plus 4,9° und 3° Celsius. Der Winter kann bis zu fünf Monate von etwa Mitte Oktober bis in den März hinein dauern. In dieser Zeit liegt manchmal eine mehr oder weniger geschlossene Schneedecke. Der Frühling und der Herbst bringen rauhe Winde und viele regenkalte Tage. An Niederschlägen fallen zwischen 829 und 1813 mm.

Ein Blick auf die Herde in Borike
Foto: F. Hainbuch

Landschaftsbilder von Bosnien-Herzegowina – Blick in die teilweise sehr unwegsame, kaum zu befahrende Landschaft

Fotos: F. Hainbuch

Das Terrain in Bosnien und Herzegowina umfasst circa 51.000 km² und weist eine Vielfältigkeit auf, die kaum ein zweites mal in dieser Form auf dem europäischen Kontinent zu finden ist. Meist herrschen hügelige mit gebirgigen Passagen vor, oder beide Geländeformen wechseln sich ab; alle Bergketten erstrecken sich in Nord-Süd-Richtung, die größeren Flüsse verlaufen ebenfalls in dieser Richtung.

Es gibt saftige mehr oder minder geschlossene Weideflächen auf ausgedehnten zahlreichen Plateaus, verschiedenste Arten von Wäldern (Eichen, Buchen, Eschen, Weißbuchen) sowie Buschland. Einst hielt man diese Regionen für völlig unbrauchbar, doch ist inzwischen bekannt, dass sie für die Nahrungsgrundlage der Pferde von großer Bedeutung sind.

Die Ebenen und Flusstäler sowie Almen bieten ausreichend Raum für die Viehproduktion und Heu für Pferde, die auf Gestüten oder privaten Gütern mit Stallhaltung aufgezogen werden. Nach den Erfahrungen bedeutender Pferdezüchter ist es völlig unmöglich, zwischen Pferden, die den Winter über draußen grasen, und solchen in Stallhaltung zu unterscheiden, weil sie im Frühjahr in ungefähr gleicher Verfassung sind.

In geologischer Beziehung sind die Gebirge Bosniens und der Herzegowina als eine Fortsetzung des südalpinen Kalkgürtels zu betrachten. Überdeutlich herrschen kalkige Gesteinsarten vor. Längs der Westgrenze treten breite und mächtige Zonen des Kreidekalkes mit Trias- und Jurakalken auf. Aber es kommen auch im Nord- und Südosten Eruptivgesteine, rote Sandsteine, Quarzite und Dolomite vor.

Diese Naturgegebenheiten waren ideale Voraussetzungen zur Zucht des Bosnischen Gebirgspferdes. Nach einer Tierzählung von 1879 wurden im gesamten Land 161.168 Pferde gezählt. 1895 waren es bereits 239.626. Den dichtesten Bestand im Verhältnis zur landwirtschaftlich genutzten Fläche gab es in den Bezirken Bosanska, Gradiska und Bjeljina (18-19,5 Pferde), dann folgten mit 16-18 Stück Cajnica, Rogatica und Kladanj, und in Sarajevo, Visoko, Zwornik und Bihac 14-16 Stück. Die wenigsten Pferde wurden in den Bezirken Glamoč, Prozor, Bileća und Trebinje mit 5-6 registriert. Im Jahr 1908 gab es diesen Angaben und Zählungen zufolge 482 gekörte Hengste.

4. Erste Belege für die Domestizierung in Bosnien und Herzegowina

Die ersten Belege für eine Domestizierung des Pferdes im Gebiet des heutigen Bosnien und Herzegowina datieren aus der Eisenzeit, das heißt etwa um 600 v. Chr. In Gräbern von Kriegern aus dieser Zeit fand man bei Grabungen an mehreren Orten aus Bronze gefertigte Waffen und Schmuckgegenstände (Glasinac-Plateau sowie Olovo und Citlici). Zum Schmuck, den die Toten trugen, gehörten beispielsweise Amulette, die Pferden nachgebildet sind. Ferner kamen in den Gräbern Trensen aus Hirschgeweih sowie Teile von Halftern und Zaumzeug zutage.

Die ältesten Zeugnisse für die Existenz von Wildpferden in dieser Region bilden Zähne, auf die man in steinzeitlichen Behausungen in der Nähe von Gornji Seher stieß. Experten schlossen daraus, dass Wildpferde damals bejagt wurden, wie auch anderes Wild in dieser Epoche gejagt wurde. Einig ist man sich weitgehend in der Annahme, dass gezähmte Pferde aus diesem Gebiet einen gewissen Einfluss auf die Gründung des Bosnischen Gebirgspferdes, des „Bosniaken" hatten, doch ist es nicht einmal ansatzweise möglich, das Ausmaß dieses Einflusses zu bestimmen.

Aus der Zeit der Domestizierung bis zur Eroberung der Region durch die Römer ist nichts darüber bekannt, wie man Pferde züchtete, doch wissen wir, dass es eine Pferdezucht gab und dass keltische Stämme Pferde züchteten, die im Römischen Reich sehr geschätzt wurden. Ferner wissen wir, dass die Bewohner des Gebietes mit einer 9000 Mann starken Reiterei und 200.000 Mann zählenden Fußtruppe der römischen Eroberung vier lange Jahre widerstanden, schließlich aber unterlagen (6 n. Chr.). Es war eine für damalige Verhältnisse sehr beachtliche Kavallerie, was unzweifelhaft zeigt, dass es damals eine organisierte Pferdezucht gab.

Obwohl es sich um einen relativ großen Zeitraum handelt, sind Belege für eine Pferdezucht seit der römischen Herrschaft eher selten. Auch ist leider festzustellen, dass das vorhandene Material noch nicht ausreichend erforscht wurde. Allerdings lässt ein bei Donja Zgošća entdecktes und ausgegrabenes Steinrelief durchaus den Schluss zu, dass Pferde zu dieser Zeit systematisch gezüchtet und für die Jagd genutzt wurden. So zeigt dieser Monolith eine lange Kette berittener Jäger, die Hirsche und Wildschweine zur Strecke bringen wollen. Auf dem Relief sind die Pferde als kräftige Tiere mittlerer Größe mit breiter Stirn und schönem Hals dargestellt. In volkstümlichen Darstellungen finden sich häufig lange Reihen von Pferden, die Lasten tragen oder Wagen ziehen. Einige in der Gegend von Bihac ansässige Familien hatten eine Sondererlaubnis aus Rom, mit Pferden zu handeln, weil die Tiere aus dieser Region als Kriegspferde hoch geschätzt waren. Als um 600 n. Chr. schließlich die Slawen hier siedelten, gewannen die Pferde in den Gebirgsregionen Bosniens als Pack-, Zug- und Reittiere an Bedeutung.

Bosnische Pferde beim Tragen von Lasten
Foto aus dem Archiv von Mehmed A. Akšamija

5. Bosnische Gebirgspferde in bildlichen Darstellungen des Mittelalters

Wann die Abkömmlinge des Tarpan und des Przewalski-Pferdes in Bosnien heimisch wurden, lässt sich unmöglich bestimmen, doch wissen wir, dass sich durch die Einfälle von Hunnen, Awaren und Madjaren, deren Pferde nach den Kriegen in „Gefangenschaft" blieben, das Steppenpferd mit den lokalen Rassen vermischten und somit zur Qualität des heimischen Pferdes beitragen konnte. Dadurch war die heimische Art in der Lage, die schwierigen Aufgaben, die mit der Entwicklung des Handels zwischen bosnischen und dalmatischen Städten, insbesondere Dubrovnik, verbunden waren, besser zu bewältigen. Lasten wurden auf Pferden transportiert, die sich in langen Karawanen bewegten, die durchaus bis zu tausend Tiere zählen konnten.

Auch in kriegerischen Auseinandersetzungen waren die kleinen und wendigen Bosniaken den größeren Reittieren weit überlegen. Im mittelalterlichen Bosnien – um nur ein Beispiel zu nennen – zog die christliche Bevölkerung der angrenzenden Länder immer wieder auf großen und langsamen Tieren zu Kreuzzügen nach Bosnien. Hintergrund dieser Invasionen war die antipäpstliche Entwicklung in Bosnien durch die Bewegung der Bogumilen, die römische Autoritäten nicht akzeptierte. Bei diesen Zusammenstößen setzte der bosnische Adel kleine, aber schnelle Pferde ein, um die Angreifer taktisch zu überlisten: Das nur halb so große bosnische Heer zog sich nach kurzem Kampf auf ihren schnellen Pferden zurück. So konnten die Invasoren glauben, dass sie leicht und rasch Boden gewinnen können. Dabei ermüdeten die schweren Reittiere, sodass die bosnische Streitmacht mit ihren kleinen und schnellen Pferden plötzlich von allen Seiten blitzschnell angreifen und den eindringenden Feind besiegen konnte.

Fotos aus dem Archiv von Mehmed A. Akšamija

Bild 1: Grabstein eines unbekannten, aber hervorragenden Steinmetzes, der in Osovo, einem Dorf in der Nähe von Rogatica gefunden wurde

Bild 2: Ein wunderschön und aufwändig gearbeiteter Grabstein, der in der Nähe von Visoko gefunden wurde

Bild 3: Ein besonders schöner Grabstein, der im Dorf Donja Zgošća in der Nähe von Kakanj gefunden wurde. Dieser Stein wurde lange Zeit im Nationalmuseum in Sarajevo ausgestellt. Im unteren Abschnitt behüten zwei Bosnische Pferde ihren Ausbilder.

Die zweite Hälfte des 13. und die erste des 14. Jahrhunderts war eine Zeit relativen Friedens, die Angriffe auf Bosnien und die Bogumilen waren weniger heftig. Allerdings lebte mit der wachsenden Macht des ungarischen Königs (Ludwig) die Verfolgung der bosnischen Häretiker wieder auf. „Also sandte Ludwig zwei Heere von Kreuzrittern gegen Bosnien. Das eine kam vom Fluss Sana unter Führung von Ludwig selbst auf die Stadt Jajce zu, das andere, geführt von seinem Paladin Nikola Kat, griff die Gegend von Usora und Soli an. Der bosnische König Tvrtko schlug mit seinen Truppen beide Armeen: Ludwigs Heer unterhalb der Stadt Soko am Fluss Pliva bei Jajce, das Heer seines Paladins in Srebrenik. Seit seinem Machtantritt hatte Ludwig nur Siege gekannt, von Mitteleuropa über Italien bis Dalmatien und Bulgarien. Bei seinem Kreuzzug in Bosnien aber erlitt er eine schwere Niederlage. Sein Heer zog sich Hals über Kopf zurück, sodass in dem Chaos sogar das ungarische Staatsiegel verlorenging."

Damals, so stellten ungarische Historiker fest, war es sehr schwierig, in Bosnien Krieg zu führen, weil Tvrtko über zwei unterschiedliche Reiterheere verfügte. Bei dem einen kamen die kleinen heimischen Pferde zum Einsatz, die sich leicht durch das unwegsame und für die ungarischen Tiere unzugängliche Gelände bewegen konnten; die andere Reiterei setzte in der Ebene Araber ein, die viel schneller als die schweren Pferde der Ungarn waren. Mit der Zeit konnten die Bogumilen ein eigenes geistiges Klima schaffen – hier wehte der Wind aus einer ganz anderen Richtung als im Dogmatismus des mittelalterlichen Europa. Warum war das Christentum so lange

Zeit nicht in der Lage, sich hier durchzusetzen? Der Hauptgrund bestand im durchorganisierten Staatswesen mit seinen Kriegern; dabei kam in jenen lang anhaltenden Kriegen den heimischen Pferden stets eine besondere Bedeutung zu.

Wie groß diese Bedeutung für die Bogumilen war, zeigen am ehesten die auf ihren *stecci,* den einzigartigen Grabsteinen, abgebildeten Pferde. Im Grunde sind die *stecci* echter steingewordener Ausdruck einheimischer schöpferischer Kraft, und man kann mit Fug und Recht behaupten, dass es in der mittelalterlichen Kunst der südslawischen Völker keine diesen Darstellungen vergleichbaren Kunstformen gibt. Das Pferd, damals wie heute eine unverzichtbare Hilfe im Mühen des Menschen um Überleben und Gedeihen, ist ein herausragendes Element dieser Grabsteine und wird meist in kunstvollen Kompositionen mit Sattel sowie mit oder ohne Reiter dargestellt. Diese Darstellungen sind Abbild und Ausdruck der engen Beziehungen zwischen Pferd und verstorbenem Besitzer. Interessanterweise finden sich Grabsteine mit Pferdereliefs in Regionen, die auch heute noch über einen ansehnlichen Pferdebestand verfügen (Rogatica, Glasinac, im Osten Herzegowinas, in Kupres und Mittelbosnien).

Außer auf Grabmalen finden sich Pferdedarstellungen auf zahlreichen anderen Objekten, etwa dem Siegel von König Tvrtko Kotromanić. Unter seiner Herrschaft (als Ban 1353–1377 und als König 1377–1391) genoss Bosnien die größte politische Macht. Er dehnte sein Staatsgebiet aus, bis es sich von Kotor an der Adria bis jenseits Biograd (die Inseln Korcula, Brač und Hvor eingeschlossen) und im Norden den Fluss Sava hinauf erstreckte. In Kroatien unterstützte König Tvrtko 1382 die Aufständischen (Ivan Paližna und seine kroatischen Brüder) militärisch und materiell, 1389 ebenso den Fürsten Lazar bei der Schlacht von Kosovo. Er erklärte sich 1390 zum „König von Raška Bosnien, Dalmatien, Kroatien und Primorje“ (den Küstengebieten). Damit war Tvrtko I. der erste Fürst dieser Region mit einem Titel, der den deutlichen Anspruch auf Überwindung religiöser, territorialer und politischer Gräben zum Ausdruck brachte, sodass er als kosmopolitischer Herrscher galt.

6. Zur Zeit der Osmanen: Pferdezucht mit Einfluss des arabischen Pferdes

Nachdem Jajce als letzte Festungsstadt in die Hände der Osmanen gefallen war, begann nicht nur eine neue Epoche der bosnischen Geschichte, sondern auch ein neuer Abschnitt in der Entwicklung des Bosnischen Gebirgspferdes. Der endgültigen Besetzung Bosniens durch die Osmanen gingen über 100 Jahre mit Überfällen und Angriffen des osmanischen Heeres gegen Bosnien und Herzegowina voraus. Die Kavallerie bildete die wichtigste Streitmacht der Osmanen, und so gelangte mit ihren ersten Einmärschen auch frisches orientalisches Pferdeblut nach Bosnien.

Das arabische Pferd als vorherrschende Rasse fand bereits fruchtbaren Boden vor: mit dem Bosnischen Gebirgspferd, das im positiven Sinne ein modifizierter Tarpan und Przewalski-Pferd war. Die Mehrheitsmeinung der Experten geht davon aus, dass das heutige

Bosnische Gebirgspferd durch Einkreuzung von Arabern in die heimischen Rassen entstand. Außerdem verfügte das osmanische Heer über Rassen oder Schläge anderer orientalischer Pferde, wobei es sich mehrheitlich aber um Arabische Pferde handelte. Nach den dürftig verfügbaren Informationen schlussfolgern die Experten, wie sich die Kreuzungszüchtung seit den ersten osmanischen Einfällen bis zum Aufbau des ersten Hengstdepots 1884 in Sarajevo entwickelte. Als gesichert kann nur gelten, dass man Araber in Bosnien bereits

Araber im Gestüt Borike
Fotos: F. Hainbuch

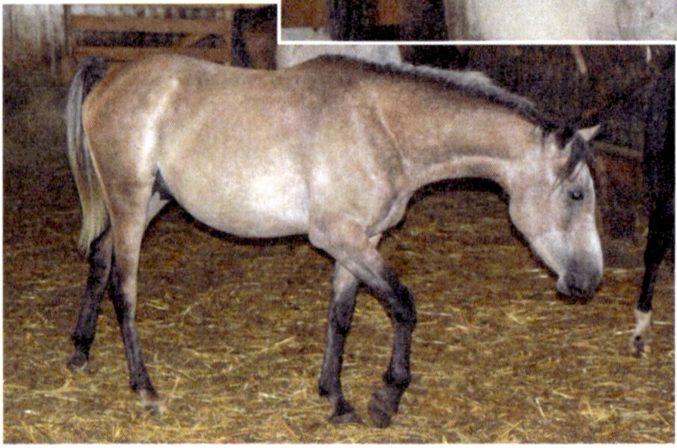

lange vor den Osmanen kannte – sie wurden während der Herrschaft Königs Tvrtko I. Kotromanić mehrfach in Dokumenten erwähnt, die in der Zeit von 1363 bis 1374 datieren.

Nachdem ein beträchtlicher Teil der Bevölkerung in Bosnien und Herzegowina den islamischen Glauben angenommen hatte, übertrug in Istanbul die Hohe Pforte (war ursprünglich im arabischen Sprachraum die allgemeine Bezeichnung der Eingangspforte zu Städten und königlichen Palästen; später wurde sie auf den Sultanspalast in Instanbul bezogen und zum Synonym für den Sitz der osmanischen Regierung) geleitet von eigenen Interessen und Absichten, den bosnischen Adeligen, und Verwaltern die Zuständigkeit für die Überwachung und Verteidigung der Landesgrenzen. Der Grund ist leicht nachzuvollziehen: Es war notwendig, für künftige Eroberungen über eine ausreichende Anzahl von Kriegern verfügen zu können. Aus dem gleichen Grunde war es erforderlich, die asiatischen, byzantinischen und serbischen Lehnsleute zu schützen, auf welche die Osmanen stets gezählt hatten.

Jeder bosnische Vasall hatte entsprechend der Größe des ihm zugeteilten Landes eine festgelegte Anzahl Pferde für die Kavallerie des Fürsten bereitzustellen. Die Tiere mussten auch in Friedenszeiten ausreichend gefüttert und bewegt werden. Im Konfliktfall wurden sie der Kavallerie zur Verfügung gestellt. Der Frieden währte meist nur kurz. Weil Grenzkonflikte recht häufig vorkamen, gab es einen stetig steigenden Bedarf an schnellen Pferden in guter Verfassung. Zwar gibt es darüber keine schriftlichen Aufzeichnungen, doch kann angenommen werden, dass dies die Anfänge der organisierten Pferdezucht waren. In der Regel war ein Feudalherr bestrebt, die besten Pferde zu besitzen – so waren die ersten Kreuzungen solche mit Araberhengsten, die sicherlich die Qualität des vorhandenen Zuchtmaterials verbesserten. Auch ist anzunehmen, dass die Feudalherren alles unternahmen, um an Araberhengste zu gelangen. Es war vorteilhaft für sie, dass die Osmanen bei kriegerischen Angriffen, auf der Jagd, bei Festlichkeiten und Paraden ausschließlich Hengste ritten; die allerbesten Araberhengste zu besitzen, war eine Frage des Ansehens. Eine kleine Anzahl dieser Hengste verblieb in Bosnien. Häufig erlaubten die Besitzer ihren Hengsten, Stuten der heimischen Rasse zu beschälen, sodass ein Prozess, wenngleich nicht angemessen geplant und koordiniert, in Gang gesetzt wurde, der in einer Qualitätsverbesserung des heimischen Zuchtmaterials resultierte. Mit der Ausbreitung des Islam entstanden auch neue Gewohnheiten und Weltsichten. Daher genoss das Pferd mit der Zeit allgemein hohes Ansehen, das sich bis auf den heutigen Tag in allen Schichten der bosnischen Gesellschaft erhalten hat.

Bis heute sind uns keine schriftlichen Aufzeichnungen über den Einfluss der *kapetanije,* der Kapitanate (Hauptmannschaften) in Bosnien und Herzegowina bekannt, den sie auf die Zucht von Arabern und heimischen Pferden ausübten. „*Kapetanije* waren kleine, fest umrissene räumliche Verwaltungseinheiten. Zunächst existierten sie nur entlang der Grenzen von Bosnien und Herzegowina, die das osmanische Reich von kroatischen Gebieten unter der Herrschaft des österreichischen Kaisers und des venezianischen

Dogen schieden. Seit dem 18. Jahrhundert lagen diese Gebiete im Landesinneren und entlang der wichtigsten Straßen, die von der Peripherie ins Innere Bosniens führten. Sie waren militärisch organisiert." Der größte Teil des Heeres einer jeden Hauptmannschaft setzte sich aus Reitern *(farisi)* zusammen und umfasste bis zu zehn Trupps, wobei jeder Trupp bis zu 98 Reiter zählen konnte. Jeder Hauptmann hatte eigene Pferde: die einen für Feldzüge, die anderen für die Jagd und Festlichkeiten, wobei jeder seiner Reiter ein eigenes Pferd gemäß seinem Rang in dem Trupp besaß, dem er zugeteilt war. Die höheren Ränge hatten die besseren Pferde orientalischer Herkunft, vor allem Araber; die niederen Ränge besaßen Kreuzungen oder Pferde anderer Rassen. Die Zahl der Reiter in den Hauptmannschaften schwankte zwischen 15.000 und 20.000, woraus man schließen kann, dass mit der Schaffung der Hauptmannschaften in Bosnien und Herzegowina (in der zweiten Hälfte des 16. Jahrhunderts) eine geplante Kreuzungszucht auch mit Arabern, heimischen Pferden und anderen Kreuzungen existierte.

Den Forschungen von F. Hrasnica zufolge gab es im gesamten osmanischen Reich eine organisierte Pferdezucht. Das legt den Schluss nahe, dass es sehr gut koordinierte Bemühungen um den Ausbau der Pferdezucht gab. „In der ersten Hälfte des 16. Jahrhunderts besaß der bosnische Edelmann Gazi Husrev-Bey einen Zuchthengst mit mehr als hundert Stuten, Pferden und Fohlen in einem der mazedonischen Bezirke." An den Grenzen Bosniens und auch in anderen Teilen des osmanischen Reiches wurde ständig

Krieg geführt; die bosnischen Feudalherren waren verpflichtet, sich mit einer genau festgelegten Anzahl von Reitern daran zu beteiligen. Dies sind Ursachen für die stets schwankende Zahl von Pferden.

Nach Beginn einer jeden Krisenzeit fanden die Hohe Pforte und die Gutsbesitzer immer wieder die Kraft und den Willen, den Pferdebestand zu vergrößern. Eine solche Zeit war die Mitte des 19. Jahrhunderts: Aus verschiedenen Gründen war die Lage der Pferdezucht kritisch, und die heimischen Züchter waren nicht in der Lage, auch nur den Mindestbedarf zu decken.

Vezir – der erste domestizierte Zuchthengst aus dem 19. Jahrhundert
Aus E. Žiga & R. Telalbašić, The Bosnian Mountain Horse, S. 42

Damals beschloss die Hohe Pforte, Bosnien und Herzegowina zehn reine Araberhengste zur Verfügung zu stellen. Die Tiere wurden so verteilt, dass jeder *kaza* (Bezirk) zwei Hengste erhielt. Die Hengste deckten kostenlos heimische Stuten: Das Ziel bestand darin, die Qualität der Rasse zu erhalten und zu verbessern und den Bestand heimischer Pferde zu vergrößern. Jede Geschichte des Ursprungs und der Entwicklung der wichtigsten heutigen Pferderassen und ihrer Qualität beginnt und endet mit dem Arabischen Pferd.

Der Araber gilt als eine der ältesten Rassen reinster Abstammung. Sie kommt seit mehr als 4000 Jahren auf der Arabischen Halbinsel vor; das zeigen Knochenanalysen sowie Höhlen- und Felsmalereien, deren Pferdedarstellungen große Ähnlichkeit mit dem heutigen Araber aufweisen. Seit Jahrhunderten züchten die Beduinenstämme der Arabischen Halbinsel und angrenzender Regionen ihre Pferde mit leidenschaftlicher Zuwendung; um Qualität und Reinheit der Rasse zu erhalten, wenden sie alle nur erdenkliche Sorgfalt auf. Die Ausbreitung der arabischen Pferdezucht ist eng verbunden mit den Einfällen von arabischen und türkischen Heeren in Teile Europas, Asiens und Afrikas. In die eroberten Gebiete brachten sie Araberpferde mit, denen später große Bedeutung bei Neuzüchtungen oder Qualitätsverbesserungen bestehender Rassen sowie der Verbreitung des Pferdes in der ganzen Welt beikam.

Viele der heute in der Welt bekannten und angesehenen Pferderassen verdanken ihre Herkunft und hervorragenden Eigenschaften dem Araber. Im 19. Jahrhundert zeigten führende europäische Fürsten- und Adelsfamilien besonderes Interesse am Arabischen Pferd.

Dies führte zur Gründung zahlreicher Gestüte, zu deren bedeutendsten die polnischen Gestüte (Slawuta, Bialocerkiew, Jarczowce, Antoniny), das ungarische Gestüt in Babolna, das deutsche in Marbach und das englische Araber-Gestüt Crabbet Park gehörten.

Das Exterieur des Arabers unterscheidet ihn deutlich von anderen Rassen und macht ihn leicht erkennbar. Er besitzt einen kleinen, sehr schönen und edlen Kopf, ein konkaves Profil, große, exponierte Augen sowie geschweifte, spitze Ohren. Der Hals ist ausreichend hoch angesetzt und verglichen mit anderen Teilen des Körpers lang, leicht gebogen, glatt und sehr elegant. Der Rücken ist kurz und kräftig, die Brust tief und hinreichend breit, die Kruppe lang und flach. Der Schweifansatz ist hoch, der Schweif bleibt während des Ritts aufrecht. Die Fellfarbe ist ungewöhnlich schön – es finden sich Schimmel, Füchse, Braune, Rappen, jedoch auch andere. Dank kräftiger Lungen und breiter Nüstern kann der Araber lange und ohne Schwierigkeiten arbeiten und laufen. Im Gegensatz zu allen anderen Pferderassen, die 18 Rippen, 5 Lenden- und 18 Brustwirbel aufweisen, besitzt der Vollblutaraber 17 Rippen, fünf Lendenwirbel und 16 Brustwirbel. Der Rahmen ist vollendet proportioniert, die Ausdauer des Arabers ohnegleichen. Er ist hochintelligent, begreift rasch und folgt Kommandos stets gern, sofern sie korrekt gegeben werden. Arabische Pferde sind feurig und furchtlos, gleichzeitig jedoch gutmütig, sodass sie bei richtigem Training wunderbar mit ihrem Reiter harmonieren.

Aufgrund der genannten Eigenschaften genießt der Araber in der ganzen Welt hohes Ansehen. In vielen Ländern werden Araberpferde in besonderen Gestüten gezüchtet, und vielerorts gibt es eigene Zuchtbücher und Araber-Zuchtverbände. Alle Zuchtbücher müssen von der *World Arabian Horse Organisation* (der Weltorganisation für die Bewahrung, Verbesserung und Aufrechterhaltung der Arabischen Pferderassen, WAHO) anerkannt werden; sie lässt äußerste Sorgfalt walten, um die Reinzucht zu gewährleisten. Das größte Interesse bringt man dem Araberpferd in den USA entgegen. Hier gibt es mehr als die Hälfte des Gesamtbestandes der in der WAHO registrierten Araber.

Es gibt noch einige andere Formen des Arabers, die schönsten stammen aus Persien, Ägypten und Syrien. Alle Araberpferde weisen eine große Vielseitigkeit auf, die in zahlreichen Wettkampfdisziplinen zum Tragen kommt. Sie eignen sich besonders für Langstrecken, auf denen sie aufgrund ihrer Ausdauer und Robustheit hervorragende Ergebnisse erzielen.Das erste Arabergestüt in Bosnien und Herzegowina wurde 1895 in Sarajevo gegründet. Es wurde 1900 nach Goražde verlegt, sodass es in der Fachliteratur lange Zeit als „Gorazda" bekannt war. Zur Vorbereitung der Gründung des Gestüts in Goražde wurde 1884 das Hengstdepot in Sarajevo geschaffen, in dem sechzig Hengste standen (unter der Zuständigkeit des Militärs). Zunächst bestand der Zweck des Gestüts in der Verbesserung des Bosnischen Gebirgspferdes, doch erhielt es mit der Zeit die weitere Aufgabe, Vollblut-Araber zu züchten und diese edle Rasse zu verbreiten. Nach der Gründung des Arabergestüts in Goražde ließen die Behörden Zuchttiere aus Vorderasien kommen. Es wurden nur reine Araber verwendet.

So wurden in drei Transaktionen sechzig Hengste und 25 Zuchtstuten aus Syrien beschafft. Wegen des Kriegsausbruchs 1914 wurde das Gestüt nach Modrica verlegt; hier blieb es bis zum Ende des Ersten Weltkriegs. Es zog 1919 vorübergehend in die Nähe von Rogatica und nutzte die Sommerweiden in Borike. (Hrasnica erwähnt das Dorf Borje, doch gibt es bei Rogatica kein solches Dorf. Meleki erwähnt, das Gestüt sei bei Rogatica auf einer Höhe von rund 600 m gelegen, was bedeutet, das es sich in der Nähe der Stadt befunden haben müsste.) Das Gestüt wurde 1923 erneut verlegt: nach Sarajevo (Stadtteil Dolac-Malta, in dem sich heute der Fachbereich Veterinärmedizin befindet) und Kotorac nahe Sarajevo. Es konnte die Rennbahn in Butmir ebenso nutzen wie die ausgedehnten Flächen am Berg Igman zur Sommerweidung.

Das Gestüt wurde 1930 schließlich von Dolac-Malta und Kotorac nach Borike verlegt. Hier wurden, aber in den letzten Jahren auch nicht mehr planvoll, bis 2014 Bosnische Gebirgspferde gezüchtet. Von dort verbreitete sich die Zucht des Arabischen Pferdes auf mehrere angesehene Gestüte im früheren Jugoslawien. Von besonderer Bedeutung war das Zuchtmaterial des „Nationalgestüts Goražde“ für die Gründung der Gestüte in Karadordevo, Pozarevac, Dusanovo (nahe Skoplje), Biograd und „Visnjica“ bei Osijek. Bereits in den ersten britischen Araber-Zuchtbüchern von 1919 konnte man folgendes lesen: „…von den insgesamt fünfzig eingetragenen Pferden wurden 14 von der Arabischen Halbinsel, aus Ägypten, Indien, Bosnien und Polen importiert“ *(The Arab Horse society Stud book, 1919).*

Dank der guten Organisation privater Züchter und auf der Grundlage des Zuchtmaterials in Borike entwickelte sich die Araberzucht in Kroatien rasch. Dies kann als eindeutig positiver Trend gelten, denn zurzeit gibt es mehrere Zuchtverbände, die mehr als einhundert Züchter mit über 250 Pferden versammeln.

Seit einigen Jahren finden auf den Rennbahnen in Sarajevo und Zagreb regelmäßige Araber-Galopprennen statt, die mehr und mehr Aufmerksamkeit auf sich ziehen. Dies trägt gewiss zu der wachsenden Zahl von Besitzern und zur Popularität dieser Rasse bei, sowohl bei Züchtern als auch bei Liebhabern guter Rennpferde. Neben den Galopprennen gab es in Kroatien zunehmend das Distanzreiten, bei dem die Ausdauer der Tiere auf die Probe gestellt wurde.

Hengst 7 Miško aus dem Jahr 1928

23 Lasta II

Fotos: F. Hrasnica

Stute 78 Medina VI

Hengst 65 Barut II-47

Fotos: F. Hrasnica

7 Pferdezucht während der österreichisch-ungarischen Monarchie

7.1 Die Gründung des ersten Gestüts für Bosnische Gebirgspferde in Goražde

Bald darauf war klar, dass Bosnische Gebirgspferde die gewünschten Merkmale ausgebildet hatten; daher wurde ab 1908 neben dem Gestüt für Araberpferde in Goražde ein weiteres Gestüt für Bosniaken aufgebaut. Sieben Bosniakenstuten wurden erworben, die sehr gute Eigenschaften aufwiesen; weil heimische Hengste fehlten, zwei Halbbluthengste, die dem Gestüt für kurze Zeit als Zuchthengste dienten. Ein Jahr zuvor hatte erstmals eine Hengstkörung für einzelne Züchter stattgefunden, die für die private Pflege und Züchtung überlassene staatliche Hengste verwendeten. Im Jahre 1917 gab es bereits 17 gekörte Hengste, deren Zahl stetig wuchs. Der erste heimische Zuchthengst wurde 1912 erwähnt – es war „Wesir", erworben von Stanko Duvnjak aus Malovan bei Kupres. Seine Mutter war eine heimische Stute, sein Vater ein reiner Araberhengst (Massud), dessen Vater wiederum aus Syrien stammte.

Wesir war gut gebaut, hatte eine Widerristhöhe von 147 cm (gemessen mit dem Zollstock), eine Brusttiefe von 166 cm und ein Röhrbein mit 19,5 cm Umfang. Der Hengst war ein gelungener Mischling mit gut proportioniertem Exterieur und wies Eigenschaften auf, die den Anforderungen an eine Erstzucht genügten. Er wurde 1912 und 1913 als Zuchthengst verwendet. Seit der Gründung des Bosniakengestüts bis zum Beginn des Ersten Weltkriegs machte die Zucht in Gestüten und privater Hand kontinuierliche Fortschritte; es schien, als würde das Bosnische Gebirgspferd alle Erwartungen hinsichtlich Quantität und Qualität des Zuchtmaterials übertreffen. Zudem war jedermann mit den Eigenschaften des Pferdes sehr zufrieden, sowohl mit Tieren aus staatlichen Einrichtungen wie auch von privaten Züchtern. Besonders gute Zuchtergebnisse wurden erzielt in Rogatica, Gacko, Nevesinje, Bugojno, Srebrenica und Odžak.

Zum Erfolg beigetragen haben auch die staatlichen Behörden, die die Verwendung staatlicher oder gekörter Hengste für die Zucht in keiner Weise beschränkten.

7.2 Der Einsatz der Bosniaken: Rennen in unterschiedlichen Disziplinen

Schon während das Land durch die Türken besetzt war, wurden Nachrichten zwischen Mostar und Sarajevo (eine Strecke von ca. 75 km) durch Boten zu Pferd überbracht. Der Bote ritt abends los und kam am nächsten Abend mit einer neuen Nachricht zurück. In Bosnien und Herzegowina hat man stets großes Interesse an Pferderennen aller Kategorien gezeigt; traditionsgemäß waren Adelige ebenso wie Volkshelden bestrebt, sich zunächst durch Kraft und sodann durch ein gutes Pferd auszuzeichnen. Unmittelbar nach Ende der österreichisch-ungarischen Herrschaft begann die Regierung, sich der Pferdezucht zu widmen und verband diese, indem sie xxx Pferderennen veranstaltete. Sie fanden in Ilidža, Prijedor, Gradačac, Kupres, Petrovac, Nevesinje und Bijeljina statt. Außer einem Rennen für Offiziere, einem Rennen für Unteroffiziere und einem Hindernisrennen – die alle in Ilidža stattfanden –

waren alle anderen Wettbewerbe in Bosnien und Herzegowina allein solchen Pferden vorbehalten, die im Lande geboren und aufgezogen worden waren. Die bedeutendste Rennbahn wurde 1885 in Butmir gebaut. Sie stand allen Pferden aus ganz Bosnien und Herzegowina offen; auf andere Rennbahnen durften Pferde, die in Butmir nicht platziert waren und aus einer Region mit einer bestimmten Rasse stammten, mussten auf andere Rennbahnen ausweichen. Die erfolgreichsten Mischlinge eines bestimmten Jahrgangs kamen jährlich in Butmir zusammen. Diese Veranstaltungen wurden Zuchtrennen genannt und waren mit dem heutigen Derby zu vergleichen. Sie wurden staatlicherseits auf unterschiedliche Weise unterstützt, und die Besitzer der bestplatzierten Pferde erhielten relativ hohe Geldpreise.

Daneben wurden gelegentlich Distanzrennen veranstaltet, um die Ausdauer der Pferde zu prüfen. Ein solches Rennen, von Bihac nach Sarajevo über eine Distanz von 288 Kilometern, fand 1893 mit Elitereitern ohne Generalausgleichgewichte statt; dabei wurden nur Reinrassige zugelassen, die zudem in Bosnien und Herzegowina geboren sein mussten, oder die Abkömmlinge staatlicher Hengste und heimischer Stuten. Sehr großzügige Preise wurden aus den Summen zuerkannt, die Kaiser Franz Joseph stiftete. Dieses Rennen stieß auf ein Interesse wie kein anderes zuvor: Es waren sechzig Teilnehmer eingetragen und 44 Pferde am Start; 17 davon liefen ins Ziel ein. Von 24 reinrassigen Bosnischen Pferden kamen 8 in vorzüglichem, sehr gutem bzw. gutem gesundem Zustand nach dem Ritt in die Wertung.

Den ersten Platz errang Sabit-Aga Ademovic auf einem Bosnischen Gebirgspferd (Eigentümer war der Grundbesitzer Drabic aus Jajce) mit der Bestleistung von 30 Stunden, 26 Minuten und 30 Sekunden. Auf den zweiten Platz kam Bey Biscevic aus Bihac, ebenfalls auf einem Bosniaken (31 Stunden, 4 Minuten und 18 Sekunden), auf den dritten Bey Malik Kulenovic aus Kulen-Vakuf, wiederum auf einem Bosniaken (31 Stunden, 31 Minuten und 30 Sekunden). Auf den weiteren Plätzen folgten Offiziere auf Abkömmlingen staatlicher Hengste.

Vor dem Rennen wurden Wettbüros eingerichtet, in denen Offiziere und Beamte meist höher als andere gesetzt wurden. Wer aber mit dem Potenzial der heimischen Pferde vertraut war, sah die tatsächlichen Fähigkeiten der einzelnen Tiere anders, wie folgende Aussage zeigt: „Dass der Sieg den Bosniaken gehören würde, war leicht absehbar. Werden die Bosniaken klug geritten, ist ihnen der Sieg ziemlich sicher", bemerkte Vukan Šola in seiner Dissertation „Das Bosnische Pferd" , S. 47 und 51.

Das nächste Ausdauerrennen von Dubrovnik nach Sarajevo über 283 Kilometer fand 1911 statt. Darüber wissen wir lediglich, dass es wegen schlechten Wetters und Erdrutschen sehr schwierig war; Sieger war der neunjährige Schimmel „Gothard", über den Besitzer gab es keine genaueren Angaben. In den Wettbewerbskalender wurde 1912 und 1913 das „Gebirgsreiten" aufgenommen, mit dem das heimische Pferd seine wahren Stärken demonstrieren sollte, denn für diese Disziplin waren die Bosnischen Gebirgspferde viel eher geeignet als für Galopprennen auf flacher Bahn. Das erste

Rennen dieser Art wurde 1912 in Sarajevo veranstaltet. Auf der Strecke mit einer Länge von 12,2 km und einem Höhenunterschied von 254 m traten sieben Pferde an. Die Stute „Greta“ mit einem Reiter unter 80 kg Gewicht gewann das Rennen in 34 Minuten. Bald darauf fand ein Rennen in Bihac statt (Streckenlänge: 32 km, Höhenunterschied: 391m), das der sechsjährige Wallach „Zekan“ in 1 Stunde, 12 Minuten und 30 Sekunden gewann. Darauf folgten Rennen in Kupres, Nevesinje und andernorts, wobei die Ergebnisse von Experten jedesmal als außergewöhnlich eingestuft wurden, was zeigte, dass die Zucht des Bosniaken genau die gewünschten Eigenschaften hervorgebracht hatte.

Nicht nur in Wettkämpfen konnte das Bosnische Gebirgspferd beweisen, wie ausdauernd, genügsam, trittsicher und absolut zuverlässig es war. Auch z.B. in der Holzwirtschaft in schlecht zugänglichen Waldabschnitten, die ausschließlich mit den Pferden zu erreichen waren, konnten all diese hervorragenden Eigenschaften eingesetzt werden, einschließlich des phantastischen Orientierungssinns der Tiere. Wenn irgendwo Holz gefällt und auf Meterstücke gesägt worden war, dann gingen die Führer mit den schwer bepackten Pferden aus dem Wald mit den Pferden an der Hand ein oder zweimal den beschwerlichen Weg – meist schmale, für Menschen

Bosnische Pferde beim Holztransport, begleitet von seinem Besitzer in traditioneller Kleidung

Foto aus dem Archiv von Mehmed A. Akšamija

kaum begehbare Saumpfade – zum nächsten Sammel- bzw. Ablagepunkt und wieder zurück, bevor dann die Pferde den Weg allein gingen, solange, bis das konfektionierte Holz komplett am Sammelplatz zusammengebracht war. Von dort wurde es dann auf Karren bzw. Wagen verladen, um zur nächstgelegenen Ortschaft zur Weiterverarbeitung gebracht zu werden. Der Pferdebesitzer wurde nach dem Gewicht des transportierten und abgelieferten Holzes bezahlt.

Das Bosnische Gebirgspferd erledigte auch im Ersten Weltkrieg seine Aufgaben mit unglaublicher Leichtigkeit. Obwohl Wasser und Futter knapp und von minderer Qualität waren, bewältigten die Tiere bei jedem Wetter wegloses Gebiet, schlechte Straßen und unwegsames Gelände. Bei all diesen Schwierigkeiten unter harten Kriegsbedingungen bewahrten die Bosniakenpferde ihre Tüchtigkeit – dabei zeigten sie ihre echten Potenziale und ihren wahren Wert, den viele angezweifelt hatten.

Hier grenzte die Robustheit und Ausdauer dieser Gebirgspferde an ein Wunder, sodass selbst die sonst zurückhaltenden Österreicher nicht umhinkonnten, ihrer Bewunderung Ausdruck zu verleihen. Die Bedeutung dieser Pferde wuchs ständig. Ob eine Einheit kampfbereit war, bemaß sich nach der Zahl und Eignung ihren Pferde. So schreibt Eduard V. Meleki in seinem Buch Das Bosnische Pferd: „Nicht einmal wenn sie eine Stellung erreichten, wo Reitpferde sich etwas ausruhen konnten, gab es für die Lasttiere eine Pause. Sie mussten Proviant, Munition und so weiter zwischen diesen Stellungen hin und her tragen, und sie waren pausenlos unterwegs.

Selbst unter diesen schwierigen Bedingungen, bei Futter, das kaum zum Überleben reichte – beispielsweise Kornähren, Rosinen, Tannenzweigspitzen, Heidekraut und so weiter – mussten sie ihre mühsamen Versorgungspflichten erfüllen; doch nichts schien sie zu belasten, und ihre Fähigkeit, lange Zeit ohne Wasser auszukommen, steigerte ihre Eignung für Kampfeinsätze erheblich. Diese Lasttiere mit ihren Führern aus der jeweiligen Gegend, die sie nach Art der Einheimischen lenkten, zeigten durchgängig die besten Ergebnisse und die geringste Sterblichkeitsrate. Diese Fertigkeiten mussten erworben werden; die Einheimischen, im Hochland aufgewachsen, mit ihrem langen und langsamen Schritt, die keine Ermüdung kannten, führten die Pferde stets an der langen Leine.“ Bedenkt man die einigermaßen genaue Schätzung, dass der Bosniakenbestand um 30 % gegenüber 1914 gesunken war, so hatte der Krieg weitreichende negative Folgen für den Bestand dieser Rasse.

Das Bosnische Gebirgspferd als Trag- und Lasttier
Fotos aus dem Archiv von Mehmed A. Akšamija

IV Die Pferdezucht nach 1918

Halfter mit Zügeln (B&H – ULAR), eine besondere bessere Ausführung, die nur bei feierlichen und besonderen Anlässen verwendet wurde: an Feiertagen, bei Hochzeiten und sonstigen Feiern

Besitzer und Foto: A. Dolinšek

1. Gründung des Nationalgestüts Sarajevo

Das 1908 in Goražde gegründete Bosniakengestüt hatte keine lange Lebensdauer – seit 1914 gibt es keine Aufzeichnungen mehr dazu. Was später darüber geschrieben wurde, wirkt wie ein Versuch, Ereignisse zu rekonstruieren, die mit dem Gestüt verbunden waren, als wirkliche Umstände darzustellen. Trotzdem gilt das Gestüt als erster Vorläufer, um eine systematische Zucht des Bosniakenpferdes zu organisieren. Nach dem Ersten Weltkrieg wurde der Aufbau der Zucht mit der Gründung von Araber-Hengstdepots fortgesetzt. Allerdings war nach wie vor die Frage, wie viel reines Araberblut die heimischen Pferde besitzen sollten, um weiterhin als ursprüngliche Rasse zu gelten.

Als Reaktion auf die zahlreichen Polemiken wurde 1929 in Sarajevo erneut ein Bosniakengestüt gegründet, mit der offiziellen Bezeichnung „Nationalgestüt Sarajevo". Sein Hauptzweck bestand in der Zucht reinrassiger Bosnischer Gebirgspferde, weil sie bereits über ausreichend arabisches Blut verfügten. Die Ställe und die anderen Einrichtungen des Gestüts standen im Stadtteil Dolac-Malta von Sarajevo, wo sich heute der Fachbereich Veterinärmedizin befindet. Später wurde es nach Kotorac und dann nach Butmir verlegt. Die Pferde verbrachten den Sommer auf den Almen am Berg Igman, in großer Höhe oberhalb der Quelle des Flusses Bosna, doch nicht weit von den Ställen. Ställe und Winterweidung gab es nahe Vrelo Bosne, dem Quellort der Bosna. Wenngleich eher ein Zufall, hat es eine gewisse Symbolik, dass die Bosniakenrasse in der Nähe von Vrelo Bosne entstand: An diesem Ort befand sich sogar noch bis zu diesem Zeitpunkt ein Arabergestüt.

2. Verlegung nach Borike und Zuchtschwerpunkte

Bereits 1885 wurde in der Vorstadt von Sarajevo (damaliges Jugoslawien) ein Hengstdepot gegründet, das zum Betrieb Borike gehörte. 1936 erhielt es den Namen „Nationalgestüt Mrkonjicevo", Sarajevo. Das Gestüt wurde 1947/1948 nach Borike verlegt. Hier war bereits ein Arabergestüt entstanden, das sich dort bis 2013 befunden hat. Aller Wahrscheinlichkeit nach befand sich dieses Gestüts und dasjenige in Borike in ein und derselben Hand, da auch letzteres, in dem einmal ausschließlich Araber gehalten wurden, „Mrkonjicevo" genannt wurde. Der Name hat sich bis 1941 für beide Gestüte erhalten.

Es ist nirgends schriftlich festgehalten, weshalb das Gestüt diesen Namen erhielt, auch nicht, was er eigentlich bedeutet. Jedenfalls ist nicht anzunehmen, dass Mrkonjicevo der Ort ist, an den die Gestüte verlegt wurden. Sicher ist aber, dass es 1885 in der Vorstadt von Sarajevo angesiedelt war. Zwischendurch wurde es auch als Landgestüt Sarajevo bezeichnet. Stuten wurden für das neu gegründete „Nationalgestüt Sarajevo" erstmals 1929 erworben; es handelte sich um zehn Tiere aus Rogatica, Vlasenica, Bugojno und Glamoč.

Die Abkömmlinge der drei folgenden Stuten aus dieser Gruppe wurden für Zuchtzwecke behalten:

- 5 Medina, geboren 1924 in Dubrave (Bezirk Vlasenica) auf dem Todor L. gehörenden Hof (Nachname unbekannt)
- 6 Ruza, geboren 1924 im Dorf Vrazalice bei Rogatica auf dem Hof von Dedaga Isovic
- 7 Lasta, geboren 1923 im Dorf Neorici bei Rogatica auf dem Hof von Miralem Ceric

Ein weiteres Mal wurden Stuten 1932 erworben: vier Stück aus dem Gebiet von Podvelezje. Die Abkömmlinge der folgenden beiden Stuten aus dieser Gruppe wurden behalten:

- 3 Zorka, geboren 1928
- 5 Dinarka, geboren 1925

Die Namen der Besitzer der beiden Stuten wurden nicht vermerkt. Der dritte Kauf erfolgte 1936: 36 Stuten aus der Gegend von Rogatica, Jajce, Bugojno und Pljevlje.

Die Abkömmlinge der folgenden Stuten aus dieser Gruppe wurden behalten:

- 30 Cula aus dem Gebiet von Jajce, geboren 1930 und erworben von einem unbekannten Besitzer
- 40 Borka, geboren 1929 in Borike aus dem Stall von Filip Krsmanovic

- 71 Lasa, geboren 1930 im Dorf Oprasic bei Rogatica auf dem Hof der Familie Oprasic (der Vorname des Besitzers ist unbekannt)
- 47 Zagorka, geboren 1926 in Slara Gora bei Rogatica auf dem Hof von Ljubomir Bojat
- 49 Bronka, geboren 1929 im Dorf Brankovici bei Rogatica auf dem Hof von Savo Nedic
- 52 Iskra, geboren 1929 in Rogatica auf dem Hof der Familie Dokic (der Vorname des Besitzers ist unbekannt).

Zum Gemüt des Bosnischen Gebirgspferdes

Es gibt keine speziellen oder umfassenden Forschungen zum Gemüt des Bosniakenpferdes. Die meisten Autoren begnügen sich mit der Feststellung: Es ist ein zahmes und friedliches Pferd mit dem nötigen Maß an Schnelligkeit und Temperament, erworben vom Araber. Die Pferde wurden über 30 Jahre in Arbeit und Zucht beobachtet, mit einer intensiven Beziehung zu den Tieren, sodass ihr Charakter folgendermaßen beschrieben werden kann:

1. Es sind gute Arbeitspferde, die jederzeit gern Folge leisten. Damit sich diese Eigenschaft umfassend entwickelt, ist es unabdingbar, sie von Geburt an gut zu behandeln.

2. Pferde dieser Rasse dulden keine grobe oder unmenschliche Behandlung; behandelt man sie schlecht, werden sie übellaunig

und sind jederzeit bereit, sich zu wehren. Die Forschungen, die wir an ca. 30 Pferden dieser Rasse geleistet haben, zeigen, dass sie bei guter Reitausbildung weder Peitsche noch Sporen brauchen – sie tun stets, was ihr Reiter verlangt. Ein siebenjähriger Wallach beim Reitunterricht mit einigen Dutzend Jungen und Mädchen verhielt sich beispielsweise stets so, dass die Kinder in keiner Weise gefährdet waren.

3. Das größte Unglück, das diesen Pferden widerfahren kann, ist: längere Zeit im Stall zu stehen, und dann noch allein. Dann können sie durchaus appetitlos und übellaunig werden und an Gewicht verlieren. Daher ist es viel besser, die Pferde auch bei schlechten Wetterbedingungen möglichst lange im Freien zu lassen, Kälte oder Nässe jeweils allein machen ihnen nichts aus. Allerdings sollte beides gleichzeitig schon vermeiden werden, oder aber es sollten natürliche Schutzbedingungen, beispielsweise dichte Baumgruppen oder ähnliches vorhanden sein.

4. Bosnische Gebirgspferde sind jedem treu ergeben, der mit ihnen arbeitet, sie füttert und putzt. Besitzern, die ihre Tiere in Ställen halten, ist daher zu empfehlen, wenigstens ein bis zwei Stunden täglich mit ihrem Pferd zu verbringen, um die Beziehung zu erhalten und zu vertiefen.

Die Stute 463 Radojka IV, die 1954 im Gestüt Han Pijesak geboren wurde

Die Stute 61 Zagorka I, geb. 1937 im Stutenstall in Sarajevo

Fotos: F. Hrasnica

Das Exterieur

Mit dem Exterieur des Bosnischen Gebirgspferdes haben sich zahlreiche Autoren gründlich befasst, darunter: E. Meleki (1913), M. Grković (1933), J. Belić (1940), T. Bartolović (1961) und R. Telalbašić (1967 und 1973–1977). Für den Großteil der Forschungen zeichnet Prof. Telalbašić verantwortlich; von 1973 bis 1977 untersuchte er 1219 Bosnische Gebirgspferde aus 25 Gemeinden in ganz Bosnien und Herzegowina.

Die Resultate wurden nach drei Kategorien zusammengestellt: Stuten, Wallache und Hengste. Von diesen nahm er elf Körpermaße und fünf Indizes (Seitenindex des Rahmens, Index der Brusttiefe, Index der Körperdiagonalen, Dichteindex und Masseindex). Bei der Bewertung und Verwendung dieser Maße sollte man immer bedenken, dass sie von unterschiedlichen Formen des Bosnischen Gebirgspferdes genommen wurden, deren Körpermaße sich erheblich unterscheiden – so begegnet man durchaus auch Werten, die vom Durchschnitt deutlich abweichen. Dabei ist wichtig, dass die jeweiligen Proportionen fest sind, sodass es bei diesen keine signifikanten Abweichungen vom Durchschnitt gibt; denn eben dies ist etwas, das alle zuvor erwähnten positiven Eigenschaften gewährleistet. Zwar bezeichnen wir diese Rasse gemeinhin als Bosnisches Gebirgspferd, doch wird sie international als Pony klassifiziert. Es handelt sich um Pack-, Zug- und Reitpferde. Sie sind kompakt gebaut, widerstandsfähig gegen Krankheiten, verfügen über einen kräftigen Körper und große Ausdauer. Als „Kind“ rauer Natur und strenger natürlicher Auslese sind sie zudem sehr gut an das Klima der jeweiligen Region angepasst und dienen uns die Bosniaken nach wie vor auf eine Weise, wie sie es seit Jahrhunderten schon tun. Sie bewegen sich rasch, äußerst geschickt und wendig auch im unwegsamsten Gebirge und tragen dabei die unterschiedlichsten Lasten und Reiter. Bosniaken sind wach und selbstsicher, anspruchslos was Nahrung und Unterbringung angeht, stets lebhaft, aber gleichzeitig aufmerksam und bereit, alles zu tun, was man von ihnen erwartet. Sämtliche Fachleute, die bislang die Eigenschaften des Bosnischen Gebirgspferdes erforscht haben, sind sich darin einig, dass es einen außergewöhnlichen Charakter besitzt und als Pack- oder Zugpferd, für militärische Zwecke oder als Reitpferd selbst in zerklüftetem Gebirge verwendbar ist. „Das Bosnische Gebirgspferd lebt seit Jahrhunderten im felsigen, gebirgigen Gelände der Banschaften Drinska und Vrbaska, und es hat sich dieser Umgebung völlig angepasst. Dies verleiht ihm seine typische Kraft, Robustheit und Widerstandsfähigkeit; in der ganzen Welt ist es als einzigartiges Packpferd für militärische wie nichtmilitärische Zwecke berühmt".

Transportkiste für den Transport von Kost an die Front

NA-(Jugoslawische Militär-) Veterinärausrüstung 18/4
In dieser Kiste 18/4 war eine klappbare Montageschmiede für den Feldgebrauch.

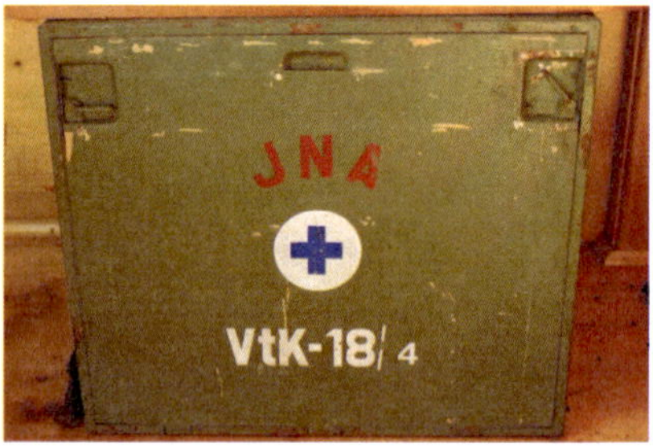

Besitzer und Fotos: A. Dolinšek

Transportable Feldschmiede (Kiste vtk 18/4) mit fußbetätigtem Gebläse

Hufschmiedetasche vtk- 15, in der Tasche waren 15 Sorten von Werkzeug für die Feldarbeit – alles, was der Hufschmied brauchte, um Pferde zu beschlagen

Besitzer und Fotos: A. Dolinšek

Zwei restaurierte Tragsättel. Sie stehen heute im Museum
Rtiče 1, 1414 Podkum, Slowenien

Militärischer Packsattel (B&H – SAMAR) letzte Ausführung M-77 (M-Model 77, konstruiert 1977). Der Packsattel ist aus Aluminium, verstellbar und kann dem Pferd angepasst werden. Er hat verschiedene Aufsätze für verschiedene Waffen

Besitzer und Fotos: A. Dolinšek

Meleki bemerkt zum Bosnischen Gebirgspferd: „All diese guten Eigenschaften – hervorragende Verwertung der Nahrung, Widerstandskraft gegen schlechtes Wetter und unterschiedliche Klimabedingungen, große Ausdauer beim Tragen schwerer Lasten über längere Zeit und so weiter – machen den Bosniaken zum „Marsch- und Lasttier“ und weisen es als erstklassiges Militärpferd aus, das bei Feldzügen im Gebirge unverzichtbar ist; und dies würde auch noch in technologisch viel fortgeschritteneren Zeiten als unserer gelten. Es sind Eigenschaften, die es seiner spartanischen Kinderstube verdankt.“

M. Steinhausz stellt fest: „Was die vielseitige Verwendbarkeit des Pferdes aus Bosnien und Herzegowina angeht, müssen wir zugeben: Sie ist außerordentlich gut. Es ist ein Pferd, das äußerst ausdauernd, widerstandsfähig und überproportional kräftig, zudem ungewöhnlich trittsicher selbst im zerklüfteten Gebirge ist. Außerdem ist es sehr anspruchslos, braucht wenig Futter und ist auch mit höchst minderwertigem Getreide zufrieden. Angesichts seines Gewichts und seiner Lebensbedingungen gibt es kein anderes Pferd gleich welchen Ranges, das in der Lage wäre, Ähnliches zu leisten, und dies fortlaufend. Seine ungewöhnlichen Qualitäten werden von allen, die es kennen, geschätzt – von uns selbst leider am wenigsten.“

Ähnliche Schlussfolgerungen ziehen Grković, Hrasnica, Belić, Kavran, Telalbašić sowie andere Experten, die sich mit den Eigenschaften des Bosnischen Gebirgspferdes gründlich befasst haben. „Keine andere Rasse vermag es mit diesem Pferd in seinen Leistungen als Zugtier im Gebirge und unwegsamen Gelände, als Reitpferd und schließlich als Kutschpferd unter diesen Bedingungen aufzunehmen. Solche Leistungen verlangen feste Hufe, kräftige Beine und sicheren Tritt, eine kräftige Brust und ein gutes Auge sowie großes Geschick und Ausdauer beim Tragen von Lasten, und schließlich erfordern sie eine außergewöhnliche Widerstandskraft bei schlechtem Wetter, wie man es in Bosnien kennt. Da es seinen mühsamen Pflichten unter diesen Bedingungen seit Jahrhunderten nachkommt, ist es klar, dass ihm hier kein anderes Pferd gleichkommt."

Stuten auf der Weide nach einem langen Ritt

Foto: E. Žiga

V Pferdezucht nach dem Zweiten Weltkrieg

Die Wasserstellen in dem weitläufigen Gelände des Staatsgestütes bilden immer wieder Treffpunkte einzelner Pferdefamilien
Foto: E. Žiga

1. Das Staatsgestüt Borike

Unmittelbar nach dem Ende des Zweiten Weltkriegs begann 1945 der Wiederaufbau in Borike. Zunächst wurden Araber dorthin geholt, ab 1947 dann einige Bosnische Gebirgspferde, die zuvor auf dem „Nationalgestüt Sarajevo" standen. Bis etwa 2013 war Borike ein Ort der Erhaltung und Verbesserung der Bosniakenrasse. Die Kontinuität in der Zucht gemäß Zuchtmaterial und Zuchtmethoden im „Nationalgestüt Sarajevo" ist hier leicht erkennbar – alles, was zum Nationalgestüt Sarajevo gesagt wurde, galt auch für das Gestüt in Borike.

Alle noch vorhandenen Zucht- und Exportvorgänge liefen über das Staatsgestüt „Ergela Borike". Dort arbeitete eine kleine Crew von zwei Direktoren (ein Gestütsdirektor und ein Verwaltungsdirektor, der gleichzeitig Stellvertreter des Gestütsdirektors war), denen

Hengststall und Jungpferdestall
Fotos: F. Hainbuch

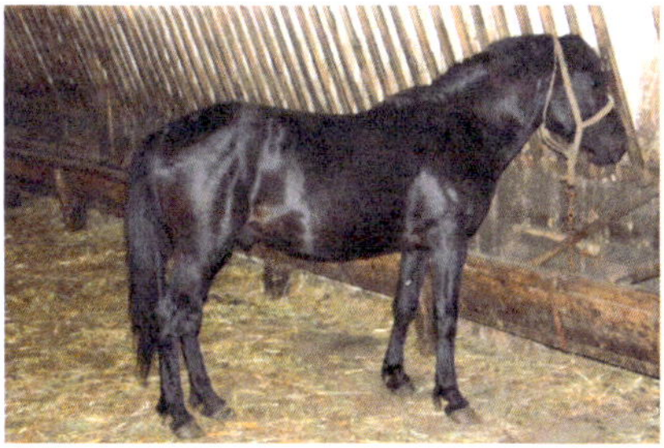

Arbeitsgespann mit Fohlen bei Fuß pausiert am Hengststall draußen
Foto: F. Hainbuch

wiederum zehn Angestellte bzw. Mitarbeiter unterstellt waren, die für Heu und sonstige Futtermittelgewinnung zuständig waren; zwei Angestellte von diesen zehn wurden als Pferdewarte eingesetzt, jeweils im Wechsel. Der Direktor des Gestüts, Ibrahim Osmanovic, war in den 1980er Jahren noch ein sehr junger Mann und schien stark an der Verbreitung besten bosnischen Pferdematerials interessiert zu sein. In Borike, etwa 100 km nordöstlich von Sarajevo gelegen, deckten in dieser Zeit vier reinrassige Bosniakenhengste und vier vorzügliche reine Araberhengste (die Araberzucht der Jugoslawen in Borike ist etwa 90 Jahre alt und zählt zu den qualitätsvollen Vollblutaraberzuchten Europas). Die vier Spitzenbosniakenhengste stammten aus zwei unterschiedlichen Blutlinien:

Es standen zwei Hengste (13 und 5 Jahre alt) aus der Barut-Linie und zwei Hengste (11 und 5 Jahre alt) aus der Miško-Linie zur Verfügung. Diese Hengste wurden nur für ca. zehn Spitzenzuchtstuten, die damals im Gestüt vorhanden waren, zur qualitätsvollen Weiterentwicklung der Bosniakenzucht benützt. Es hatte in den 70er Jahren einen weiteren Hengst aus Velez gegeben, der sich aber in der Vererbung nicht bewährt hatte und deshalb aus der Zucht herausgenommen wurde.

Zuchtziel für die Bosnischen Gebirgspferde war vor allen Dingen: Temperament, das man durch gezielten punktuellen Einsatz von ausgezeichneten Araberhengsten erreichen wollte; dazu kamen dann Qualitäten wie Härte und sehr feste Beine. Als Stockmaß wurde eine Zahl um 147/148 cm, also an der Grenze zum Großpferd liegend, angegeben.

Die Decksaison für die Bosniakenhengste erstreckte sich auf die Monate Mai und Juni, so dass die Fohlen etwa in den Monaten April und Mai auf die Welt kamen. Ab April ist es meist schon angenehm warm, trotz der Höhenlage von ca. 1000 m in den Bosnischen Gebirgszügen, sodass für Leib und Leben der Fohlen keine gesundheitliche Gefahr aufgrund des rauhen Klimas bestand. Die Zuchtordnung kannte im Prinzip nur eine Regel, die darin bestand, dass die Fohlen sechs Monate bei der Stute belassen wurden und dann etwa 10 Tage vor dem Absetzen den Fohlenbrand erhielten (ein großes "B" mit der entsprechenden Geburtsnummer auf der linken Sattellage und auf der rechten mit "B H" für Bosnien und Herzegowina).

Die Hengsthaltung, allerdings nur die der Spitzenhengste, geschah in ähnlicher Weise wie in Deutschland. Das Stallgebäude hat auf der linken Seite vier große geräumige Boxen aus Vollholz für die Bosniakenhengste sowie auf der rechten Seite ebenso große und viele Boxen für die Araberhengste. Gefüttert wurden diese Tiere dreimal täglich; gegeben wurde Heu, Hafer und Mais. In der Abendzeit gegen 23 Uhr bekamen diese Tiere eine Nachtmahlzeit in Form von Rauhfutter, um die Nacht über ein wenig beschäftigt zu sein.

Die Herde der Stuten, die bis 2013 etwa 80 Tiere umfasste, blieb in der schneefreien Zeit, also von April bis November, auf den großen, kaum eingezäunten Weiden. Für diese Stuten gab es im Sommer eine zusätzliche Mahlzeit in Form von Heu und ein wenig Hafer. Im Winter befanden sich diese Stuten in den vorgesehenen Ställen, kamen aber 3 bis 4 Stunden pro Tag heraus auf die schneebedeckten Weiden. Sie erhielten dann drei normale Mahlzeiten, bestehend aus Heu, Hafer und Mais und für die Nacht eine weitere Portion Rauhfutter.

Die Stuten wurden frühestens mit drei Jahren verkauft; die Hengste, die das dritte Lebensjahr erreicht hatten, wurden dann für vier Jahre aufs Land zu Privatzüchtern oder Bauern gegeben, um hier zum Decken eingesetzt zu werden. Nach diesen vier Jahren gingen dann die Hengste ohne großen Kostenaufwand in diese private Züchterhand über. Falls dieser Hengst dort nicht weiter gebraucht wurde, kam er zurück nach Borike. Man wollte damit erreichen, dass erste Qualität sich auch auf dem Lande wieder stärker durchsetzen konnte.

Die Exporte wurden grundsätzlich in Absprache mit der agrarwissenschaftlichen Fakultät bzw. dem dortigen zuständigen Professor in Belgrad abgestimmt, sodass der Direktor in Borike nicht autonom über die Preise des Spitzenzuchtmaterials verhandeln konnte, sondern an die von dem jeweiligen Professor der agrarwissenschaftlichen Fakultät der Universität Belgrad festgesetzten Preisforderungen gebunden war, die etwa den Preisvorstellungen in Deutschland für hervorragende Kleinpferde entsprachen.

Die Trainingsmöglichkeiten für die Araber und die Bosniaken sahen so aus, dass die Pferde für die Staatsgalopprennen, die regelmäßig in Sarajevo stattfanden, trainiert werden mussten. Es gab bei diesen Rennen eine Klasse für Araber und eine für Bosniaken.

Die Pferde, die bei späteren Schauen oder Ausstellungen vorgestellt werden sollten, wurden alle in eine Vorbereitungszeit genommen, in der dann vornehmlich die drei Grundgangarten und das Bewegen unter dem Sattel geübt und einstudiert wurden. Diese Schauen fanden ebenfalls in regelmäßigen Abständen statt, und zwar in dem in 18 km entfernt im Tal liegenden Ort Rogatica (ca. 70 km östlich von Sarajevo). Diese Schauen wurden nach ähnlichen Regeln abgehalten wie bei uns in Deutschland. Die Prämierung erfolgte für die Jährlinge, für die Hengste und die Stuten mit Fohlen. Alle Pferde, die ein Stockmaß von mehr als 148 cm erreichten, wurden von der Zucht ausgeschlossen, weil sie als nicht mehr reinrassig galten. Die Bosnischen Pferde wurden in der Hauptsache als Pack- und Tragpferde eingesetzt. Distanzsport in unserem westeuropäischen Sinn wurde nur im Gestüt bzw. von Außenstationen zurück ins Gestüt betrieben. Geritten wurden zum großen Teil nur die Araber, die im Gestüt untergebracht waren, sowie ausgewählte Bosniakenhengste.

Im übrigen gab es auf dem Gestütsgelände ein Stallgebäude, in dem bis in die 1980er Jahre hinein zwei weniger qualitätsvolle Bosniakenhengste (aus der Miško- und Barutlinie) standen, die sieben und acht Jahre alt waren, sowie fünf Araber, teilweise auch Stuten, die gegen eine Gebühr von 400 Dinar (umgerechnet 1 €) für eine Stunde im Gelände geritten werden konnten: in einem Gelände, das etwa 400 Hektar als Gestütsgelände umfasste, wobei ein nicht unbeachtlicher Teil aus Waldfläche bestand. Ansonsten wurden sehr viele große weitläufige Weiden extensiv genutzt. Viele weitere Flächen dienten ausschließlich der Heugewinnung und wurden entsprechend gedüngt. Die übrigen Weiden wurden nicht gedüngt, sondern nur einmal jährlich abgeschleppt. Krankheiten, z.B. Ekzeme, Erkrankungen der Atmungsorgane oder Bein- und Gelenkerkrankungen, kamen so gut wie gar nicht vor.

Wie bereits erwähnt, wurde 1895 ein Arabergestüt in Goražde gegründet. Seit 1898 nutzte es Borike zur Sommerweidung. In eben diesem Jahr wurde Borike erstmals im Zusammenhang mit der systematischen Pferdezucht genannt. Festzuhalten ist, dass die Wahl nicht zufällig auf Borike als Sommerweide oder später als Gestüt fiel. Klima, Fauna, Gewässer, Höhe, Erreichbarkeit und so weiter waren Faktoren, die die Entscheidung für Borike maßgeblich beeinflussten und die Arbeit und den Erfolg des Gestüts bis etwa 2013 rechtfertigten.

Interessierte „Jünglinge" in Borike

Stute mit Saugfohlen bei Damir Voloder

Fotos: F. Hainbuch

2. Bewertung wesentlicher Merkmale des Bosnischen Gebirgspferdes

Nach Gründung des Bosniakengestüts in Sarajevo entwickelten die Behörden verschiedene Möglichkeiten, die gewünschten Eigenschaften der Rasse zu prüfen und weiterzuentwickeln, denn sie waren sich der Bedeutung dieser Rasse für Gewerbe, Militär und Kultur bewusst. Weil sich die Pferdezucht bereits etabliert hatte, suchte man nach Anreizmöglichkeiten für die private Zucht auf Basis einer Kooperation mit dem Gestüt oder dem Landwirtschaftsministerium. Deshalb veranstaltete die Landwirtschaftliche Gesellschaft in Sarajevo ab Herbst 1932 nun Ausdauerrennen auf unbekanntem Gelände. Die Strecke maß 42 Kilometer, davon 25 Kilometer ebene Straße und 17 Kilometer alte und schadhafte türkische Straßen, mit steilen Anstiegen und Schlaglöchern, die rasches Vorwärtskommen verhinderten.

Am ersten Rennen 1932 nahmen 28 Pferde und Reiter teil, jeder maximal 80 kg schwer, einschließlich Sattelzeug. Es gingen sechs Hengste, acht Stuten und 14 Wallache ins Rennen. Sieger war der Wallach „Praca“ mit einer Zeit von 2 Stunden, 52 Minuten und 16 Sekunden. Die Wallache schnitten am besten ab, dann folgten die Hengste und schließlich die Stuten. Informationen über die Besitzer der Pferde und ihre Reiter wurden nicht aufgezeichnet. Die Experten waren sich die einig, dass die Pferde hinsichtlich Tempo und Ausdauer hervorragende Ergebnisse erzielt hatten, weil die meisten Pferde für das Rennen nicht eigens vorbereitet wurden. Als nächstes wurde ein Rennen am 10. September 1933 zwischen

Rogatica und Han-Pijesak veranstaltet, Streckenlänge: 45 Kilometer in hügeligem Gelände. Die Regierung sicherte großzügige Siegprämien zu, ebenso angemessene Beihilfen für alle Teilnehmer – Besucher- und Teilnehmerzahlen waren also hoch. Es nahmen 14 Züchter aus verschiedenen Dörfern teil, das Gewicht der Reiter einschließlich Sattelzeug betrug 75 Kilogramm.

Als erster ging „Alat" nach 2 Stunden, 8 Minuten und 20 Sekunden über die Ziellinie. Sein Besitzer war Mehmed Landzo aus Rogatica, der Reiter ist nicht bekannt. Alat sah nach dem Zieleinlauf recht gut aus und zeigte keine Anzeichen größerer Erschöpfung. Die Durchschnittszeit in diesem Rennen lag bei 2 Stunden und 30 Minuten, also bei 3 Minuten und 15 Sekunden pro Kilometer.

Alle 14 Teilnehmer erreichten das Ziel; am Tag darauf fand man sämtliche Pferde bei guter Gesundheit, in guter Verfassung und bereit, die üblichen Arbeiten für ihre Besitzer zu verrichten. Dies ist der beste Beweis für die große Ausdauer von Pferd und Reiter. Man entschied anschließend, alle Besitzer und Reiter zu prämieren – zunächst war dies nur für die vier Erstplatzierten vorgesehen. Dies wurde von den Pferdebesitzern in der Region mit großer Freude begrüßt und trug entscheidend dazu bei, dass die Zahl der Pferdezüchter anstieg. Ähnliche Rennen wurden bis zum Beginn des Zweiten Weltkrieges veranstaltet, verbunden mit der deutlichen Ermutigung seitens der Behörden, Bosnische Gebirgspferde zu züchten. Gleichzeitig wurde die wissenschaftliche Forschung zum Bosniakenpferd fortgeführt. Geleistet wurde sie von Milan Grković, Miroslav Kavran, Dr. Fahrudin Hrasnica und Dr. Jovan Belić, die jede einzelne Eigenschaft der Rasse unter wissenschaftlichen Gesichtspunkten untersuchten und ihre herausragenden Qualitäten bestätigten.

Der Zweite Weltkrieg ließ die Zahl der Bosniaken deutlich schrumpfen, jedoch nicht so stark, dass ihr Fortbestand gefährdet gewesen wäre. Selbst auf dem Gestüt in Sarajevo erhielt sich eine ausreichende Anzahl von Hengsten und Stuten mit ihren Geburtsregistern und Zuchtbüchern, sodass die Zucht problemlos fortgesetzt werden konnte. Nach dem Kriege kehrte man zur gewohnten Arbeit zurück. Private Züchter auf den Dörfern wurden gefördert, weil sie stets sehr gute Ergebnisse bei der Erhaltung der wesentlichen Rassemerkmale erzielt hatten.

Außerdem wurde 1946 ein Gestüt in Partizansko Polje und Han-Kram gegründet, als Teil des Militärgestüts in Han-Pijesak. Zweck dieses Gestüts war die Beschaffung von Hengsten für die staatliche Zucht. Wie beim Gestüt in Borike sollten die Hengste dann vom Komitee auf jene Regionen in Bosnien und Herzegowina verteilt werden, die sich für die Zucht des Bosnischen Gebirgspferdes eigneten. Das Gestüt wurde bis 1992 betrieben, danach wurde der Betrieb ersatzlos eingestellt.

Die Forschungen zu den Qualitäten des Bosnischen Gebirgspferdes als Arbeitstier wurden intensiviert; bei zahlreichen Pferdemessen und Schauen wurde das Exterieur des Bosniaken bewertet und mit Geldpreisen für die erfolgreichsten Züchter belohnt. Die wichtigsten Ereignisse waren sicherlich die Herbstschau in Rogatica und die

Landwirtschaftsmesse in Novi Sad, Orte, in denen stets die besten Bosnischen Gebirgspferde in die Wertung kamen. Das war eine Region intensiver Zucht der dort außerordentlich beliebten Rasse. Dieses Pferd war auf den Höfen nicht nur eine zusätzliche Arbeitskraft, sondern Stolz und Freude der ganzen Familie, kurz: ein hochgeschätztes Tier. Daher verwundert es kaum, dass hier im Jahr 1954 die ersten Reitturniere veranstaltet und später zur Tradition wurden. Alljährlich bereiteten sich die Züchter intensiv auf dieses Turnier vor, und jeder hoffte, dass sein Pferd als Sieger ausgezeichnet würde. Obwohl die Siegprämien in allen Kategorien recht großzügig waren, hatten sie weniger Bedeutung als das Gefühl, eine besondere Qualität der Zucht erreicht zu haben. Groß war daher auch die Enttäuschung bei denen, die nicht gewannen, die auch Wetten verloren. Doch für alle Bosniakenzüchter waren es unvergessliche Momente.

Bei den als Teil der Landwirtschaftsmesse in Novi Sad veranstalteten Turnieren kamen nur Bosnische Gebirgspferde von den Gestüten in Borike und Han-Pijesak in die Wertung, sodass die Teilnahme einen etwas exklusiveren Charakter hatte. In dieser Zeit wurden gelegentlich auch Flachrennen mit Bosniaken veranstaltet, vor allem auf der Rennbahn Butmir in Sarajevo, in einigen Fällen auch in Rogatica. Wo immer die Flachrennen mit Bosnischen Gebirgspferden auch stattfanden, sie zogen stets große Aufmerksamkeit auf sich, sodass sich zahlreiche Zuschauer an der Rennbahn drängten. Auf diese Rennen folgten immer ungewöhnliche Veranstaltungen, die ihre Attraktivität noch steigerten. So veröffentlichte die Zeitschrift „Održana Konjička revija“ in ihrer 23. Ausgabe den folgenden Artikel: „In das Programm der diesjährigen (32.) regionalen Vieh-Leistungsschau und -Messe in Rogatica wurden auch Pferderennen aufgenommen… Das erste Rennen, bei dem fünf Teilnehmer an den Start gingen, bestritten Bosnische Gebirgspferde. Bereits zu Beginn ging „Malin“ (Besitzer: Hasib Stitkovac aus Plana bei Han-Pijesak) mit ihrem Reiter Mirzet Stitkovac in Führung. Entschieden wurde das Rennen jedoch erst auf den letzten Metern. Bis kurz vor dem Zieleinlauf führte Publikumsliebling Malin, dann aber wurde sie vom sechsjährigen „Dorat“ (Besitzer: Savo Vitic aus Derventa bei Vlasenica) mit dem fünfzehnjährigen Reiter Zlatan Vitic überholt. Interessanterweise befand sich das Siegpferd zuvor im Besitz von Hasib Stitkovac, der nun bereut, es verkauft zu haben. Tags zuvor war Dorat Zweiter auf der Rennbahn Butmir in Sarajevo; sein Besitzer kam mit seinem Pferd zu Fuß in Rogatica an – nach einer Strecke von rund achtzig Kilometern.

Als Dritter kam die dreijährige Stute Sonja ins Ziel, im Sattel ihr Besitzer, der 65jährige Mumin Balic aus Godimlje bei Rogatica. Vor dem Rennen hatte er mehrere Jockeys inständig darum gebeten, mit seinem Pferd anzutreten, wurde aber abgewiesen. Schließlich beschloss er, selbst an den Start zu gehen – mit dem dritten Platz konnte er also mehr als zufrieden sein“.

Anfang 1957 begannen Dr. Fahrudin Hrasnica und sein Assistent Refik Telalbašić mit den Vorbereitungen für eine Untersuchung der Ausdauer und des Stehvermögens des Bosniaken beim Tragen von Lasten über größere Entfernungen. Ergebnis dieser Initiative war die Veranstaltung eines Wettbewerbs mit Lasttieren als Teil des 4. regionalen Reitturniers in Rogatica, der am 6. Oktober 1957 stattfand. Die Strecke führte von Rogatica nach Borike, war 16 Kilometer lang und umfasste normale Straßen ebenso wie Reitwege.

Die Bosniaken mussten ungeachtet Alter und Größe eine Last von hundert Kilogramm (zwei Sandsäcke zu je fünfzig Kilo) so schnell wie möglich ans Ziel bringen. Die Pferde sollten rasch vorwärtskommen, zur Überwachung wurden drei Kontrollstationen an der Strecke eingerichtet. Die Pferde starteten in fünfminütigem Abstand; sie wurden vor dem Start und nach Erreichen des Ziels gewogen. Allerdings: Weil jeder Teilnehmer gut abschneiden wollte (was natürlich mit Siegen, Prestigegewinn und schließlich auch mit einer gewissen Tradition zu tun hatte), wurde der Wettstreit zu einem Rennen, das mehr die Ausdauer der Menschen als den Willen der Pferde zum Bewältigen der Last auf die Probe stellte.

Fünf Pferde waren am Start gewesen: Das erste kam nach 1 Stunde und 11 Minuten ins Ziel, das letzte nach 1 Stunde und 37 Minuten – sie trafen also in kurzen Abständen ein. Obwohl es den Pferden äußerlich gut zu gehen schien und sie auch nach nur kurzer Pause keine Anzeichen der Erschöpfung zeigten, betrug der durchschnittliche Gewichtsverlust 8,2 Kilo (mindestens sechs, höchstens zwölf Kilo): Der Wettbewerb hatte sie also schon sehr erschöpft. Wiederholt wurde die Veranstaltung unter gleichen Bedingungen 1958 in Rogatica und Goražde. Die Ergebnisse bestätigten erneut, dass das Bosnische Gebirgspferd auch unter sehr widrigen Umständen ein gutes Lasttier ist.

In der zweiten Hälfte des 20. Jahrhunderts ging es der Herde in Borike noch richtig gut – im Sommer...

...und auch im Winter

Fotos: E. Žiga

Eine Zeitlang gab es keine Wettbewerbe mehr – sie wurden 1972 wieder fortgesetzt. Um objektive Messwerte und Ergebnisse zu erzielen, wurden immer wieder neue Regeln aufgenommen. Die Länge der Strecke und ihr Verlauf wurden jedes Mal verändert, ebenso das Gewicht der Last. Schließlich wurde das Lastgewicht auf ein Drittel des Pferdegewichts beim Start festgelegt und die Regeln des Rennens auf ein Punktesystem für drei Kategorien gestützt: die Zeit bis zum Zieleinlauf, die Ausdauer des Pferdes (gemessen durch seinen Gewichtsverlust – je geringer der Verlust, desto höher die Punktzahl) und das beste Ergebnis in den drei Disziplinen in Verbindung mit der Gesamtverfassung des Pferdes. Aus der Gesamtpunktzahl ergab sich dann die Platzierung. Diese Art Wettbewerb fand jedoch nicht regelmäßig, sondern gelegentlich und nur in unregelmäßigen Abständen statt.

Die Ausdauer des Bosnischen Gebirgspferdes wurde vielfach geprüft; ein Beispiel ist das Distanzreiten von Borike nach Lipice 1960. Die Streckenlänge betrug 710 Kilometer, das Ergebnis war mehr als annehmbar. Im August 1970 brach vom Gestüt in Borike eine ungewöhnliche Expedition auf. Sie bestand aus Nedzad Becirovic und Branimir Bogojevic, beides Mitglieder des Reitzentrums „Buducnost“ in Sarajevo. Sie hatten sich bereit erklärt, zwei Hengste zu reiten, die das Gestüt dem Reitzentrum „Alkar“ in Sinj zur Verfügung gestellt hatte. Die 330 Kilometer zwischen Borike und Sinj legten sie mit nur einem Kompass ausgerüstet zurück. Wohlbehalten angekommen, erhielten sie aufrichtiges Lob und Anerkennung sowohl vom Gestüt in Borike als auch vom Club

„Alkar" in Sinj. So wurde die allseits geteilte Würdigung der Ausdauer des Bosnischen Gebirgspferdes ein weiteres Mal erneuert. 1986 wurde ein ähnlicher Ritt veranstaltet, doch war die Organisation in diesem Fall sehr viel besser, sodass weniger Schwierigkeiten zu bewältigen waren. Bei dieser Art Unterfangen ist es jedoch schwer, Voraussagen mit einiger Sicherheit zu treffen. Dieses Mal hatte man entschieden, dass das Gestüt in Borike am festlichen Umzug zum 200. Jahrestag des Gestüts „Zobnatica" bei Backa Topola teilnehmen würde. Die folgenden Personen ritten von Borike nach Backa Topola, um anschließend am Umzug teilzunehmen:

- 1. Ristivoje Razdoljac, Beschäftigter des Gestüts in Borike, mit dem achtjährigen Araberhengst „Siglavy"
- 2. Sanya Skakic aus Sarajevo mit dem sechsjährigen Araberhengst „Gazal"
- 3. Mirsad Popara aus Sarajevo mit dem fünfjährigen Bosniakenhengst „Barut"
- 4. Marjan Simatovic aus Vinkovci mit dem ebenfalls fünfjährigen Bosniakenhengst „Miško"

Für die Unterbringung zuständig waren Ibro Osmanovic, der Leiter des Gestüts in Borike, und Enver Pavica, ein Tierarzt aus Rogatica. Heute sieht Mirsad Popara das Ganze so: „Es war eine wunderbare Zeit, voller Begeisterung und jugendlichem Streben, sich mit seinen Fähigkeiten und denen seiner Pferde zu beweisen. Wir empfanden eine solch tiefe Freundschaft und gegenseitige Achtung, dass ich es heute kaum in Worte fassen kann. Wir wurden in Backa Topola wie berühmte Champions nach einem bedeutenden Sieg empfangen."

Sanya Skakic war dafür zuständig, auf dem Ritt wichtige Dinge festzuhalten. Sie schrieb unter anderem:

„Für die Ausdauer der Araber und Bosniaken, über die immer und immer wieder geredet wurde, sollte erneut ein lebendiges Beispiel geliefert werden. So kam es, dass diese Tatsache durch einen widrigen Umstand, nämlich die völlig mangelhafte Vorbereitung für Pferde und Reiter, ein weiteres Mal bestätigt wurde.

Bei diesem außergewöhnlichen Reitmarathon war an Tagebuchschreiben kaum zu denken, denn am Ende jeden Tages waren wir erschöpfter als tags zuvor, und während des Ritts wuchs das Schlafbedürfnis mit jedem Kilometer. Jedoch verschmolzen die Steinchen des bunten Mosaiks der Erfahrungen in meinem Unterbewussten, sodass es, wenn ich es in Worte zu fassen suche, stark an Glanz und Schönheit einbüßt. Nach kurzer Pause vor der von Pferden still umstandenen geschlossenen Dorfschule hatte das Umherziehen durch steiles labyrinthartiges Terrain bald ein Ende – dank einer zufälligen Begegnung. Ein guter Mensch, der zwei eben erworbene große, weiße Ochsen an der Leine führte, begann unserem erschöpften Haufen unaufdringlich zu folgen. Bis dahin wussten wir bloß, dass wir uns abwärts zu bewegen hatten und an jeder der zahllosen Wegkreuzungen Gefahr liefen, uns zu verirren; bald aber schielten wir während unserer lauten Unterhaltungen hoffnungsvoll zu ihm hinüber. Gleich nachdem er uns zu dem bei Drinjaca gelegenen Ort Mesici geführt und uns sein eigenes Frühstück abgegeben hatte, verschwand der hochgewachsene, namenlose Hochländer diskret im Schatten der Berge, ganz wie im Märchen, wo gute Geister uns still, durch ihre Gunst ermutigt, zurücklassen. Kurz vor Banja Koviljača tränkten wir die Pferde an der Drina und machten hin und wieder bei einem Imbiss an der Straße Halt. Der Abend holte uns bei den brachliegenden Feldern von Loznica ein. Es folgte ein langer, ruhiger, leichter Galopp ohne Übermut, in dem die vergangenen Zeiten großer Wanderungen und langer Reisen in gleichmäßigem Rhythmus in uns nachklangen. Die liebenswürdigen Hausherren der Landwirtschaftlichen Stiftung „Loznica" wärmten uns mit ihrer Gastfreundschaft, und man erzählte sich die Erlebnisse von Großvater Lazo und anderer Pferdenarren bis tief in die Nacht…

Und wenn wir noch tage- und nächtelang weitergeritten wären, es wäre nicht umsonst gewesen; denn den ganzen von Gott geschenkten Nachmittag hatten wir über die Warmherzigkeit gesprochen, mit der uns die Mitglieder des Reitzentrums in Srbobran hereingewunken und uns im Nu einen kleinen Empfang in ihrem Club bereitet hatten, wo wir eine Weile mit offenherzigen Gesprächen verbrachten. Wir erinnerten uns daran, wie sie ihre großartigen Vereinsbücher vor uns ausbreiteten und unsere Namen hineinschrieben, und wie wir mit ihnen abmachten, uns beim jährlichen Reitturnier auf dem Gestüt „Zobnatica" wiederzusehen, und an all die guten Ratschläge, die man uns dort gab, und wie seltsam unser Unternehmen auf sie gewirkt haben muss, und so weiter."

VI Pferdezucht in Deutschland nach 1960

Brogg – geb. 2000
***Foto:** Privatarchiv Sonja Schamun*

1. Dr. Kuhn im Rheinland

In den 60er Jahren wurden sehr viele Bosnische Gebirgspferde in die Bundesrepublik importiert, vornehmlich in den Südwesten und Nordosten. Im Rheinland dagegen züchtete u.a. Dr. Kuhn selbst diese Pferderasse mit einem Miško-Hengst, dessen Nachkommen zum allergrößten Teil als Reitponys in das Rheinische Pferdestammbuch eingetragen wurden, eine Zahl, die heute leider nicht mehr ganz genau zu ermitteln ist. Hinzu kommen viele Bosniaken-Arabermischungen, vornehmlich in Baden-Württemberg und Norddeutschland sowie einige Bosniaken-Dülmener-Kreuzungen. In dieser Zeit wurde auch eine Interessengemeinschaft des Bosnischen Pferdes in Deutschland gegründet, die allerdings nie ins Vereinsregister eingetragen wurde und bald wieder die Arbeit einstellte mangels Beteiligung der Gründungsmitglieder.

Nach dem Tode von Dr. Kuhn, Kleve, schlief auch die Bosniakennachzucht in Deutschland beinahe gänzlich ein, zumal der letzte Miško-Hengst um 1982 eingeschläfert werden musste.

2. Charlotte Hainbuch in Wachtberg

Im Juli 1986 wurde dann auf Initiative mehrerer langjähriger Distanzreiter die „Gesellschaft der Freunde, Förderer und Züchter des Bosnischen Pferdes e. V." gegründet mit Sitz in 53343 Wachtberg-

Fritzdorf. Der Verein hat sich zur Aufgabe gestellt, das reinrassige Bosnische Gebirgspferd in Deutschland zu erhalten, damit es nicht ausstirbt. Zum anderen will er dafür Sorge tragen, dass der ursprüngliche Typ dieser Pferderasse wieder stärker gefördert wird (bis zu einem Stockmaß von 145 cm). Denn in Jugoslawien wurde bis 2010 nach Vereinseinschätzung wiederum der Fehler gemacht, ein Stockmaß von 148 cm bei Stuten und Hengsten durch Kreuzung mit Arabern zu erreichen. Und damit, das hat die Geschichte der Pferdezucht schon mehrfach gezeigt, ging und geht der urtümliche Charakter dieser Kleinpferderasse nahezu gänzlich verloren.

Vereinsemblem
Gesellschaft der Freunde, Förderer und Züchter des Bosnischen Pferdes e. V.

Im Jahr 1987 gelang es dann, die letzten beiden Hengste der Barut-Linie, in Deutschland gezogen von E. Allgeier, aus der alten Zuchtlinie des kleineren Bosnischen Pferdes (Mutter Barka, Vater Barut 2147), aufzutun. Barut I (1984) wurde im November 1987 vom Zuchtverband für Deutsche Pferde (mit bundesweiter Anerkennung der Nachzucht) mit der Note "7" gekört. Auf der linken Halsseite trägt er den Brand des Zuchtverbandes, auf dem rechten Hinterschenkel das Brandzeichen der Bosniaken in Deutschland:

Barut I (1984)

Dieser Hengst sowie sein Bruder Barut II (1985) waren bis in das Jahr 2004 auf dem Bosniakengestüt Hainbuchenhof in 53343 Wachtberg stationiert, dem wohl einzigen Gestüt, welches den ursprünglichen Typ erhalten hat und weiterzüchten wollte. Im Jahr 1989 kam dann noch der dunkelbraune Hengst Agram, aus der Branka, einer Importstute dazu.

Foto: Privatarchiv

Brandzeichen

D und B heißt Bosniaken in Deutschland. Die Zahlen: 2. Fohlen des Jahrgangs 2015

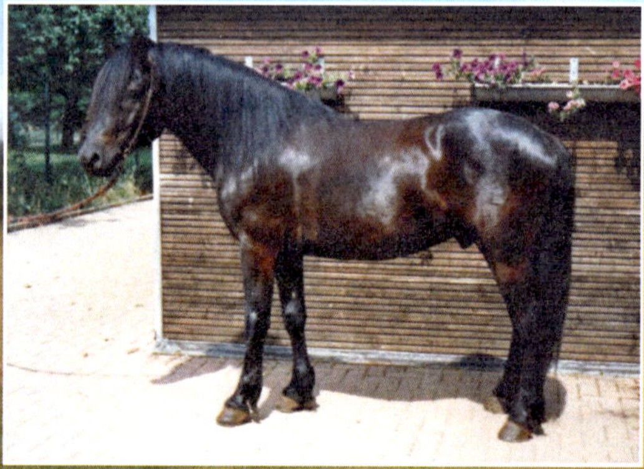

Bild 1: 2 Barut 1 - B 717

Bild 2: Agram

Bild 3: Miško

Neben diesen drei Hengsten standen zwei dreizehnjährige Miško-Stuten, im Rheinland gezogen, und vier Barut-Stuten, 5, 13 und 14 Jahre alt sowie eine Originalstute, aus Jugoslawien stammend, 20 Jahre alt, zur weiteren Zucht zur Verfügung. Die ersten Fohlen wurden im Juli 1988 geboren.

Fotos: Privatarchiv

Fotos: Privatarchiv Frauke Laudien

Tara (Mira) und Darinka – Darinka ist die erste Bosniakenstute, mit welcher auf dem Hainbuchenhof mit der Zucht begonnen wurde. Sie bildet auch den Kopf unseres Vereinsemblems

Charlotte Hainbuch hat am Erhalt und einer wohlüberlegten Reinzucht des Bosnischen Gebirgspferdes in Deutschland in den Jahren von 1987 bis 2005 maßgeblichen Einfluss und einen beachtlichen Anteil gehabt. In diesem Zeitraum erblickten etwa 35 Fohlen auf dem Hainbuchenhof in Wachtberg das Licht der Welt und trugen mit dazu bei, dass das Bosnische Gebirgspferd hier nicht verlorenging.

Der erste größere Auftritt mehrerer Bosniaken erfolgte auf der Equitana 1987 in Essen: 10 Reiter waren mit ihren Pferden die letzte Etappe des VFD-Sternrittes zur größten Schau rund ums Pferd von Düsseldorf/Ratingen nach Essen zur Eröffnungsveranstaltung am 11. März 1987 unterwegs, um gemeinsam gegen 11.00 Uhr in den großen Ring einzutreten.

Zu einem weiteren Stelldichein Bosnischer Gebirgspferde lud die Gesellschaft der Freunde, Förderer und Züchter am 12. Juli 1987 nach D-40882 Ratingen auf die Reitanlage der Gebrüder Brügelmann, Gut Neudeller Hof, ein. Die wohl größte Gruppe aller präsentierten Reit- und Freizeitpferde machten die Bosnischen Gebirgspferde aus, in den Jahren von 1972-1987 die zahlenmäßig umfassendste Darstellung dieser Rasse in einer Region in Deutschland. 18 Pferde ganz unterschiedlicher Herkunft und Einsatzes wurden unter dem Sattel bzw. an der Hand gezeigt: Vom reinen Wander- und Freizeitpferd über Western-, Kinderreitschulpferd bis hin zum Distanzsportpferd. Außergewöhnlich: Das erste seit mindestens 1977 in Deutschland gezogene Hengstfohlen wurde bei Fuß gezeigt.

Bosniaken auf dem Hainbuchenhof
Foto: F. Hainbuch

Branka

Die Pferde warten darauf, zum Mittagessen in den Stall zu dürfen

Fotos: F. Hainbuch

Familie Leckler mit ihren Pferden beim Tag der Offenen Tür

Charlotte Hainbuch auf Agram

Fotos: Privatarchiv

Bosniakenstelldichein im Hohenloher Land
Foto: Privatarchiv

Hier zeigte sich die gesamte Bandbreite des Einsatzes dieser Pferderasse: Ausdauernde, anspruchslose Kleinpferde, die treu und zuverlässig ihren „Dienst" tun. So berichteten es u. a. E. Schmitz, Schönecken, von ihrem Wallach IBN, geb. 1975, Stm. 145, Freizeit- und Distanzsportpferd mit Westerngrundausbildung; A. Wenk, Rotenburg, von seiner Flocke, geb. 1967, Stm. 142, von der Tochter Rosi, geb. 1971, Stm. 142 und ihrem Sohn Wotan, geb. 1973, Stm. 148, Freizeit- und Wanderpferde; A. Irsigler, Weissach, von ihrer Flicka, geb. 1971, im Einsatz als Springpony und bei Reiterwettbewerben; Familie Lietmann, Wuppertal, von ihren beiden Bosniakenstuten Medina, geb. 1973, Stm. 138 und Sandra, geb. 1973, 135, beide als reine Freizeitpferde geritten! R. Kobow, Mühltal 3, mit Max und Moritz, sprach von achtzehnjähriger Treue, Liebe, Höhen und Tiefen und überwiegender Glückseligkeit; W. Meyer, Bonn, von seiner Stute Bella, geb. 1982, Stm. 137, reine Landschlagstute, als Freizeitpferd geritten.

Weiterhin befinden sich im Kinderreitunterricht diese Pferde auf dem Reiterhof St. Georg, Niederwörresbach, auf dem heute allerdings nicht mehr reinrassig nachgezüchtet wird und in der Kinderreitschule von Charlotte Hainbuch, Wachtberg.

Die schon mal vor lauter Lebenslust steigende Lasta kann auch die Ruhe und Sonnenstrahlen genießen
Foto: Privatarchiv

Bild 1: Keine Angst vor Luftballons. Victoria Wiese mit Fiona *Foto: Privatarchiv*
Bild 2: Charlotte Hainbuch auf Agram in Festkleidung nach der Pferdesegnung in Wachtberg *Foto: F. Hainbuch*
Bild 3: Frauke Laudien auf Miško bei einem Kurs in Reken *Foto: Privatarchiv*

Ein breiteres – wenn auch speziell interessiertes – Publikum erreichten die teilnehmenden Bosniaken auf Distanzritten:

P. Winzen, auf dem Wallach Banjo, geb. 1978, Halbbruder von IBN, Stm. 145, war u. a. 21. auf der Deutschen Meisterschaft der Distanzreiter 1986. Er wird meist in den rheinischen Wettbewerben dieser Sportart unter den ersten zehn platziert.

Ch. Hainbuch, auf Darinka oder Tara, Halbschwestern, geb. 1973 und 1974, Stm. 137 bzw. 135, bei Distanzritten meist unter den ersten zehn Platzierten.

H. E. Malsbenden auf Jowanka (im Jahr 1986 bereits 17 Jahre alt), ritt mit dieser reinen Bosniakenstute nahezu 2000 km in den Jahren

1982-1986 bei Distanzritten: Im Rheinland erreichte er stets einen Platz unter den ersten fünf, in NRW-Wertung die Plätze 7 und 1983 sogar Platz 1, und auf den Deutschen Meisterschaften der DDR-Reiter Platz 18 (1986).

Friedhelm Theisen auf Dunja war dessen ständiger Mitreiter und ein sehr engagierter Bosniakenreiter. Er erreichte mit seinem Pferd ebenfalls bei Distanzritten in der Rheinischen Meisterschaft 3.-6. Plätze in den Jahren 1982-1987, auf NRW-Ebene zweimal 3. Plätze, einmal den 9. und einmal den 6. Platz, sowie bei der DM der Distanzreiter 1986 den 18. Platz, 1987 sogar den 8. Platz!

Sein Sohn Martin Theisen auf Dachs, ebenfalls immer unter den ersten zehn, im Rheinland 1983 und 1984 sogar Zweiter, auf NRW-Ebene bis auf das Jahr 1986 auch immer unter den ersten zehn Platzierten dabei. Alle drei genannten Pferde befanden sich im Besitz Friedhelm Theisens, Düsseldorf, und dürften sicher mehr als 3000 km bei Distanzritten nicht nur innerhalb Deutschlands, sondern auch im benachbarten Ausland zurückgelegt haben. Beispielsweise gewannen sie den 150-km-Ritt von Spa/Belgien im Jahre 1986, einer der gefürchtetsten Distanzritte außerhalb der BRD – wegen des steinigen und bergigen Geläufs in den Ardennen. Und eines hat sich herausgestellt: Bislang ist kein Bosnisches Gebirgspferd wegen Satteldrucks oder zu hoher Puls-/Atemwerte bei Distanzritten in den 80er Jahren ausgefallen. Ein Beweis, wie leistungsfähig, leistungswillig und ausdauernd diese Pferderasse ist.

U. Schmitt, Bodenteich, auf Pinnochio, geb. 1965, Stm. 136, eines der bekanntesten Kleinpferde auf Distanzritten in der BRD zwischen 1975 und 1980. Es gewann u. a. den Konditionspreis auf dem 1000-km-Ritt Hamburg-München und dem 100-Meiler von Pussade/Göhrde. Ein Pferd, das nie ausgefallen ist und lange Jahre noch mit Westernausbildung im Freizeitsport geritten wurde.

Stuten vom so genannten Landschlag – also nicht aus dem Staatsgestüt Borike stammend, sondern aus dem Inneren des Landes – wurden jahrelang von Reinhard Schulze, Dannenbüttel, importiert. Diese Tiere, allerdings ohne Papiere, erfreuten sich als reine Fahrpferde vor allem in Norddeutschland großer Beliebtheit, ohne dass die Käufer in jedem Fall wussten, dass es sich um reinrassige Bosnische Gebirgspferde handelte.

VII Niedergang der Pferdezucht nach 1990

So sind sie… die Bosnischen Gebirgspferde in den 1990er Jahren
Fotos: E. Žiga

1. Der Niedergang im Ursprungsland

In der täglichen Arbeit hat man gemerkt, dass die reinrassigen Bosnischen Gebirgspferde besser waren und sind als die Mischungen mit Arabern. Davon zeugen auch immer wieder Berichte von Soldaten, die damit täglich gearbeitet haben. Dennoch wurden die Araberhengste im Land zur Hebung der Zucht verteilt. Allerdings haben die Bauern die Mischungen nicht akzeptiert und sind in den meisten Fällen bei den „alten" Bosnischen Gebirgspferden geblieben.

Die beiden Weltkriege konnten in Bosnien und der Herzegowina nicht ohne diese Pferde geführt werden. Staffe hat in seinen Untersuchungen die Wichtigkeit dieses Pferdes und seine Qualitäten für die Kriegsführung nachdrücklich herausgearbeitet. Auf beiden Seiten waren BBK beteiligt. Nordwestlich der Grenze zwischen Italien und Slowenien gab es eine stark umkämpfte Frontlinie: Hier mussten täglich ca. 200 t Lebensmittel durch Bosnische Gebirgspferde und Rucksack in die Berge transportiert werden, denn nur selten stand eine Seilbahn zur Verfügung.

Durch die vielen Kriege, die auf dem Balkan geführt wurden, sind auch immer wieder viele Pferde aus dem Ursprungsland in die umliegenden Länder wie Serbien, Makedonien, Kroatien und Slowenien gebracht worden, weil die Landbevölkerung ihre Arbeitstiere mitgenommen hatte.

Nach 1960 setzte die Industrialisierung, die Mechanisierung in der Landwirtschaft ein, was dazu führte, dass immer mehr Bauern statt des Pferdes einen Traktor zur Feldarbeit einsetzten.

Grasende Stutengruppe mit Fohlen auf Dorfweiden in der Nähe von Borike

Foto: E. Žiga

In den Folgejahren kam es zum langsamen Zerfall Jugoslawiens, wodurch auch die Armee weder eine planvolle Zucht noch eine Nutzung des Bosnischen Gebirgspferdes für die Militärarbeit für sich vorsah, das Interesse an dieser ursprünglichen Pferderasse erheblich zurückging. Würde Jugoslawien noch existieren, hätte man eine Armee, die sich um die Pferdezucht kümmern würde, weil eben Militärgestüte benötigt würden. Pferde spielen in Bosnien aber heute kaum eine Rolle, wenige Exemplare sind in Österreich, Slowenien, Italien und Deutschland zu finden. Das Bosnische Gebirgspferd galt als eine Kraft, die Zivilisation zu erhalten. Das Pferd war Teil des täglichen Arbeitslebens, nicht in erster Linie Rennpferd; es wurde als Fortbewegungsmittel in den teilweise sehr unwegsamen, zerklüfteten Landstrichen eingesetzt, in denen man sich nur entweder zu Fuß oder eben per Pferd bewegen konnte. Nur auf diese Art und Weise waren überhaupt Sozialkontakte zum nächsten Nachbarn bzw. ins nächste Dorf möglich. Die Bedeutung des Pferdes als Nutztier ist in seiner geschichtlichen, ursprünglichen Bedeutung fast vollständig verloren gegangen.

Der Bürgerkrieg reduzierte die Pferdezahl nach 1990 nochmals erheblich. Die größte Zerstörung fand in Bosnien statt. Teilweise flüchtete die in der Minderheit lebende Bevölkerungsgruppe aus den jeweiligen Landstrichen Bosniens und ließen Haus, Hof und Tiere zum größten Teil zurück. Das hatte es in der Geschichte sonst nie gegeben: Selbstverständlich gehörten alle Tiere zum Hab und Gut der Familien, die sie mit auf die Flucht nahmen, um in den Nachbarländern wie Kroatien, Serbien, Mazedonien und Slowenien wieder ein neues Leben beginnen zu können.

Von diesem schon fast traditionellen Verhalten der Menschen konnten die Pferde im Bosnien/Balkankrieg nach 1990 nicht profitieren: Ein Fall wurde definitiv beschrieben: Aus der Nähe von Han (Gästehaus) Stjenice (Nähe Rogatica, Straße nach Sarajevo) wurde berichtet, dass dort auch Pferde verlassen wurden, die bis heute frei herumlaufen. Eine Familie in dem großen Einzugs- bzw. Wanderungsgebiet dieser Pferdegruppe hat dann später, vor allem im Winter, in einem großzügigen Kreis um ihr Haus herum Salz gestreut. Die Pferde suchten und fanden dieses Salz irgendwann und kommen nun regelmäßig dorthin, um Salz aufzunehmen.

Die dortigen Hausbesitzer behaupten nun, sie seien die rechtmäßigen Pferdebesitzer. Lediglich zwei Typen des Bosnischen Gebirgspferdes haben es in die 1990er Jahre geschafft:

Der Typ Glasinac und der Typ Podveleški (= Podveleschki). Dieser eher kleine, schmächtige Charakter ist allerdings zwischenzeitlich ausgestorben. Er kam im Gebiet östlich von Mostar in einem Gebirgszug Velez vor, der sehr karg mit vielen Steinen und wenig Futter versehen war. Außerdem liegt hier eine Wetterscheide zwischen See- und Kontinentalklima.

Der kräftigere Typ Glasinac hat allein überlebt: Glasinac liegt in der Nähe von Borike zwischen Sarajevo und Borike. Hier herrscht ein Kontinentalklima vor, die Pferde leben auf einem 1000 m hohen Plateau mit viel Futter und mehr Regen als im Gebirgszug Velez.

Bosnische Gebirgspferde in Borike:
Hengst

Stute tragend

Fotos: F. Hainbuch

Ein Fastjährling

Na, was willst Du denn hier?

Fotos: F. Hainbuch

2. Die Situation in Deutschland nach 1990

Durch die politische Änderung der „Großwetterlage“ in Europa – 1989 kam es zum „Fall der Mauer“ und 1990 zur deutschen Wiedervereinigung – fiel sozusagen innerhalb weniger Wochen der Eiserne Vorhang.

Leider blieb diese politische Wendung nicht ohne Folgen auch für viele Pferde bzw. Pferderassen. Es war nun Händlern möglich, in Polen, Ungarn, Rumänien, Bulgarien zu sehr günstigen Preisen Pferde einzukaufen und diese dann hier in Deutschland zu wesentlich niedrigen Preisen an einen Käufer zu bringen, mit denen die damaligen Züchter überhaupt nicht mithalten konnten.

Eine kostendeckende Zucht war unmöglich geworden, vor allem weil manche Pferde aus den besagten Ländern – nur weil sie dem angestrebten Zuchtziel eines Bosnischen Pferdes ähnlich sahen – als eben solche verkauft wurden, allerdings ohne Zertifikat oder gar einem ordnungsgemäßen Abstammungsnachweis. Die Züchter konnten nur dann noch ein Pferd verkaufen, wenn sich ein Interessent spontan in eines „verliebte“ oder wenn es ein falbfarbenes Pferd war. Diese sind noch heute sehr selten und daher heiß begehrt.

Die einzige Mutterstute, die Falbfohlen hervorbrachte, war Branka. Und bis heute ist es dem Verein nicht möglich gewesen, aus dem Ursprungsland an eine Stute namens UNA heranzukommen, die in Bosnien und in der Internationalen Züchtervereinigung als das einzige Pferd gilt, welches diese Farbe fast sicher weitervererbt.

Eine genaue Zahl der hier lebenden Pferde lässt sich nicht ermitteln, weil es zum einen mehrere Zuchtverbände gibt und nicht alle Besitzer von Bosnischen Gebirgspferden einem Verband angehören. Auch die Eintragung der Rasse war lange Zeit umstritten. So wurden viele unter „sonstiges Pony“ in den verschiedenen deutschen Zuchtverbänden eingetragen.

Bilder aus den 1990er Jahren
Libussa mit Mishari

Foto: Privatarchiv

Lasta

Barut I (1984)

Fedora

Foto: Privatarchiv

Nun wollten wir von unserer Gesellschaft aus alle Bosnischen Pferde in einem Zuchtverband, der unsere Rasse auch wirklich als Spezialrasse der Bosnischen Gebirgspferde anerkannte und eintrug, registrieren und genetisch untersuchen lassen, damit deren Abstammung geklärt werden und für die Zukunft jegliche Zuchtfälschung ausgeschlossen werden konnte. Denn wenn ein Tier einmal genetisch erfasst ist, ist es möglich, auch viele Generationen später die Richtigkeit der vom Züchter angegebenen Abstammung zweifelsfrei nachzuweisen oder auch zu widerlegen.

Beauftragt wurde zu Beginn der 1990er Jahre das Institut für Blutgruppenforschung in Grub Post Poing (bei München), bei dem alle damals lebenden Bosniaken blutserologisch untersucht und eingetragen wurden. Der betreuende Zuchtverband – SVPK (Schweizer Verband für Ponys und Kleinpferde) – hatte darauf gedrungen und diese Untersuchungen und Eintragungen veranlasst.

So ist es möglich, dass wir durch die intensive und konsequente Arbeit dieses Verbandes sagen können, dass nun alles auf wirklich gesicherten und nahezu fälschungssicheren „Beinen“ steht.

Bilder unserer Veranstaltungen 2003/2004, die von Charlotte Hainbuch federführend organisiert wurden

Auch keine Angst vor dem Flattervorhang:
Lasta mit Verena Ludwig macht das ganz „cool“

Foto: Privatarchiv

8 Hobby- und Freitzeitreiterinnen und Reiter zeigten eine „Mühle", eines der schwierigsten Quadrille-elemente. Für alle Teilnehmer stand eine einfache, in Deutschland geschneiderte Bosnische Tracht in den Landesfarben zur Verfügung.

Foto: Privatarchiv

Charlotte Hainbuch reitet mit Hengst Agram eine Dressurkür

Foto: Privatarchiv

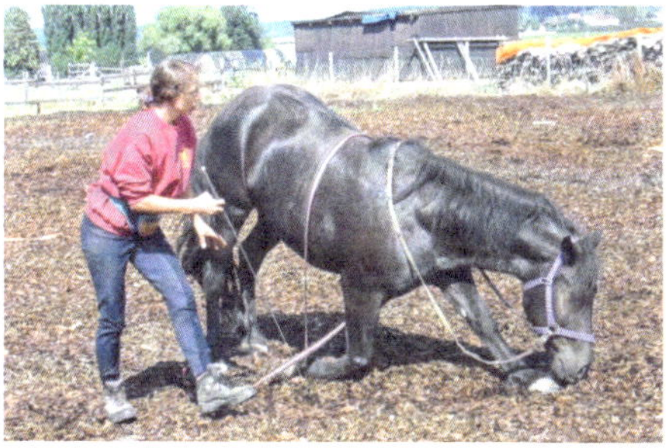

Aus der zirzenischen Lektion das „Kompliment" – hier gezeigt von Magdalene Illg

Foto: Privatarchiv

Obwohl seitens des Vereins alles versucht wurde, über eine intensive Presse- und Öffentlichkeitsarbeit in den Jahren 1998 bis 2004 ein gewisses Käuferinteresse durch Reitveranstaltungen wie „Tage des Offenen Hofes" bzw. Reiterrallyes und Pferdepräsentationen zu wecken, war es für Charlotte Hainbuch auf dem Hainbuchenhof in Wachtberg seit 2005 nicht mehr möglich, die teilweise intensive Nachzucht von reinrassigen Bosniaken aufrecht zu erhalten, so dass die hier zur Verfügung stehenden Hengste gelegt wurden und dann nur noch ein Sohn – eines allerdings genetisch zweifelsfreien Urtypen eines Bosnischen Gebirgspferdes namens Barut I (1984) – erhalten geblieben ist, der auf den Namen Balavac (geb. 3.5.2003) hört und sich im Besitz von Dr. Hermann-Josef Ant aus Wittlich befindet. Dieser typvolle Barut-Sohn selbst war schon häufiger im Deckeinsatz und hat teilweise sehr charaktervolle und vor allem gutmütige Fohlen mit einem wirklich herzlichen Interieur hervorgebracht.

Balavac – Sohn von Barut I (1984)

Foto: Privatarchiv

Hainbuchenhof
Bilder vom Hof und ReiterInnen

Auf dem Hainbuchenhof leben und arbeiten acht Bosnische Gebirgspferde im täglichen Reitunterricht, Ausritten und zirzensischen Übungen unter Kindern, jugendlichen und erwachsenen ReiterInnen.

Fotos: F. Hainbuch

Hainbuchenhof – Ansicht von der Straßenseite

Bosniakentag

Nach der Pferdesegnung in Wachtberg am Christi-Himmelsfahrtstag

Fotos: F. Hainbuch

Charlotte Hainbuch holt ihre Pferde für den Nachmittagsunterricht zusammen

So, nun ist Wochenende: Fressen, Ausruhen, Entspannen ist angesagt

Akiba (vorn) und Agram

Maher hat alles „unter Kontrolle“

Eine Reitstunde bei sonnigem Wetter im Gelände

Auf dem Weg zur Wochenendweide

Nach einer anstrengenden Woche sind die Pferdeköpfe nur sehr schwer aus dem frischen Gras zu bekommen.

"Mittagspause" auf der Weide im Halbschatten

Ausritt bei herrlichem Frühlingswetter

Die "älteren" Fortgeschrittenen

Die Jüngeren

Fotos: F. Hainbuch

Fotos der Bosniaken der Vereinsmitglieder

Lischka – geb. 2004
Besitzer: Petra Leckler

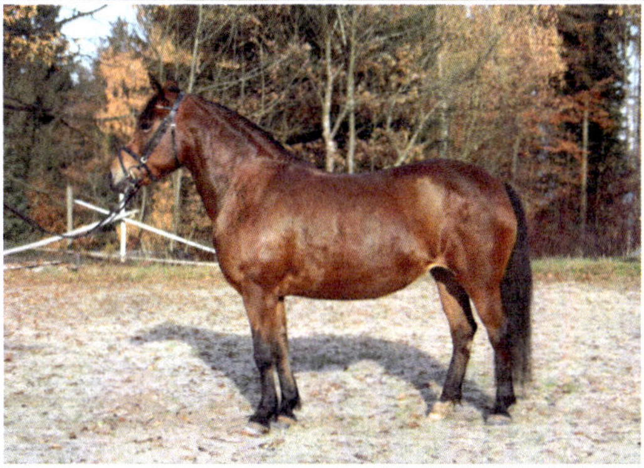

Zora I-Ruza – geb. 1999
Besitzer: Tanja-Christin Trefz

Luca – geb. 2007
Besitzer: Miriam Schmidt

Rasin – geb. 2012
Besitzer: Verena Ludwig

Raika – geb. 1992
Besitzer: Tanja-Christin Trefz

Brogg – geb. 2000
Besitzer: Sonja Schamun

Balavac – geb. 2003

Sein Vater Barut I (1984) stimmt mit dem Genpool aus Borike überein und stammt somit vom wirklich autochthonen Bosnischen Gebirgspferd ab.
Besitzer: Dr. Hermann-Josef Ant

Dana – geb. 1993 mit Laura Brauner
Besitzer: Charlotte Hainbuch

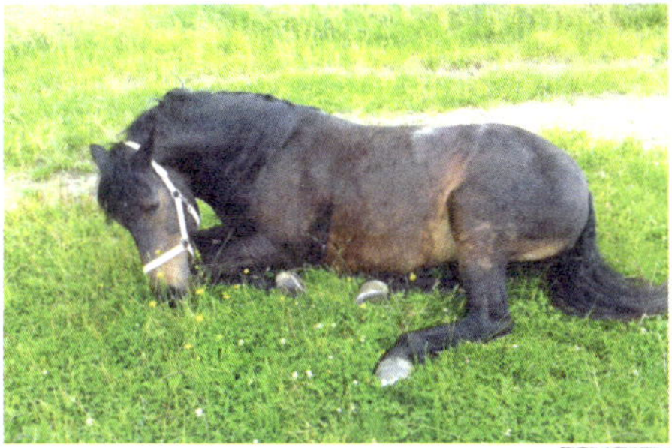

Dunja – geb. 1999
Besitzer: Dr. Barbara van Ooyen

Zora II - Svila – geb. 2013
Besitzer: Frau Arnold

Luna – geb. 2000
Besitzer: Sandra Pauken

Lawina – geb. 1991
Besitzer: Petra Leckler

Ruza IV – geb. 2012
Besitzer: Tanja-Christin Trefz

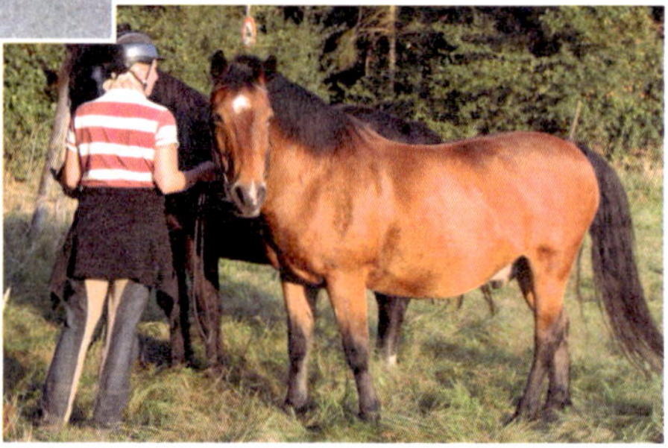

Maluk – geb. 1994
Besitzer: Charlotte Hainbuch

Dzana – geb. 2011
Besitzer: Tanja-Christin Trefz

Lischka – geb. 2004
Besitzer: Petra Leckler

Ramiro – geb. 2007
Besitzer: Tanja-Christin Trefz

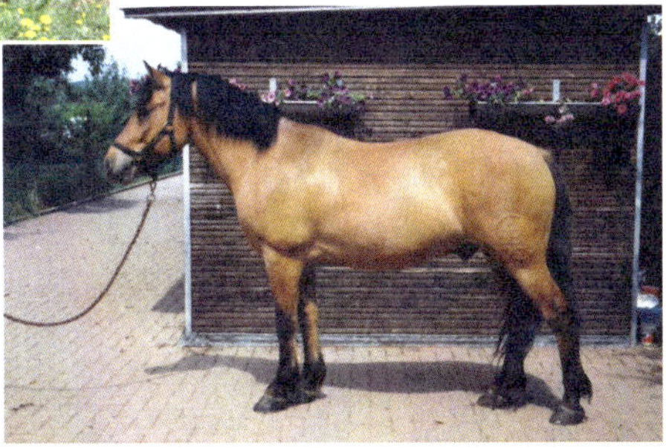

Mahal – geb. 1992
Besitzer: Frauke Laudien

Bosniakenhof Trefz

Unter dem Motto: „Bosniaken sind keine Modepferde – sie sind etwas Besonderes! Wer einmal infiziert ist kommt nicht mehr davon los! Darum habe ich mir ... eine schwarze Bosniakenstute gekauft – RAIKA. Klein, aber oho!" begann Tanja Trefz auf dem Bosniakenhof in Baden-Württemberg im Jahr 2009 den Zuchtgedanken wieder aufzunehmen und züchtet seit einigen Jahren als einzige in Deutschland wieder bosnische Gebirgspferde mit der großen Mühe, nach Möglichkeit nur noch wirklich ursprüngliche Typen des Bosnischen Gebirgspferdes zum Deckeinsatz kommen zu lassen.

Der Bosniakenhof liegt idyllisch und dennoch verkehrsgünstig im Naturpark Schwäbisch-Fränkischer-Wald, vor den Toren Stuttgarts (ca. 35 km).

Fotos: Privatarchiv

Raika – [illegible]

Stutengruppe mit Fohlen

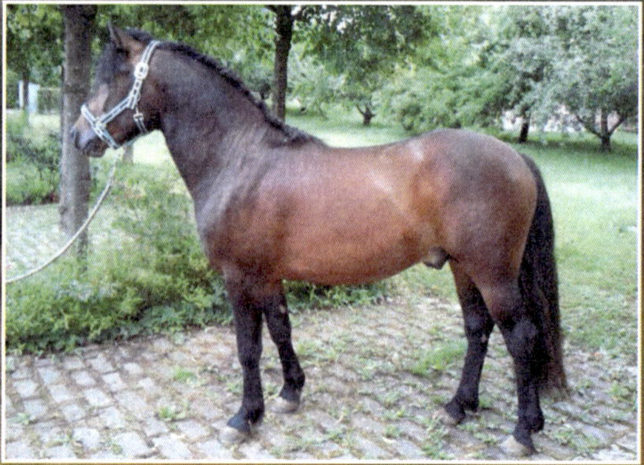

Miško XV

Luan – geb. 2010

Liljana – geb. 1985

Fotos: T.-C. Trefz

Südhof Döbbrick

Der Südhof Döbbrick beherbergt eine Reitschule und eine Pension und liegt am Rande des Biosphärenreservates Spreewald in der Spreeaue. In der Reitschule setzen wir alte und robuste und zumeist bedrohte Ponyrassen ein. Besonders stehen dabei die bosnischen Gebirgspferde im Vordergrund. Sie habe sich als besonders geeignet und arbeitswillig erwiesen. Ihr gutmütiges Wesen und ihren Mut haben sie in den vielen Reitstunden und den langen Ausritten durch die Spreeaue unter Beweis gestellt. Wenn Sie mehr erfahren möchten, kommen Sie uns doch besuchen! Alle Informationen erhalten Sie unter www.reiten-cottbus.de.

Wir freuen uns auf Ihren Besuch!

Fotos: Privatarchiv

Der Südhof Döbbrick

Die Spree ist nicht weit entfernt

Unsere Herde

Majda mit Julia Henke

Mrkuša – geb. 2013

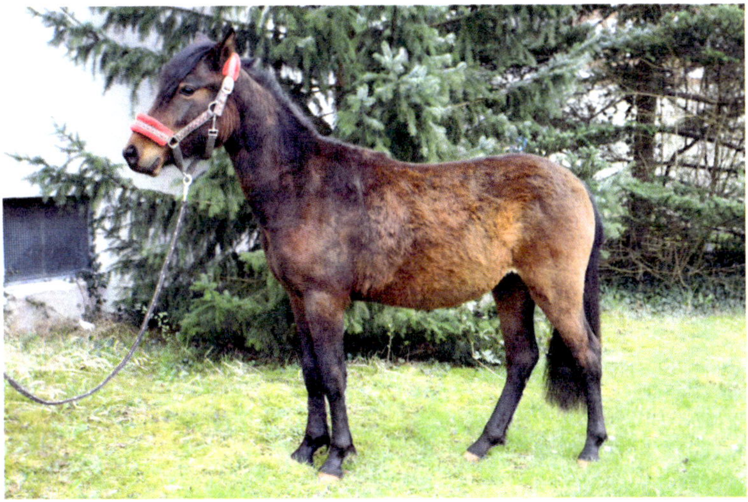

Fotos: Privatarchiv

Der Spezialpferderassenverband in Bayern betreut seither die dortigen Bosnischen Gebirgspferde. Wir denken, in zwei Dekaden dürfte bei konsequentem Durchhalten dieser Zuchtvoraussetzungen das Ziel eines reinen, nahezu urtypischen Bosniaken erreicht sein.

Dies wird umso wichtiger, weil im Ursprungsland kaum jemand noch ein wirkliches Interesse an der Erhaltung dieser autochthonen urtümlichen Pferderasse hat. Heute gibt es, nachdem das ehemalige Jugoslawien vollständig zerfallen ist, selbstständige Staaten. Deshalb gibt es keine zentrale Planung zur Zucht des BBK mehr, keine übergeordnete Stelle oder durch das Militär geförderte Institutionen, die eine Notwendigkeit zum Erhalt des Bosnischen Gebirgspferdes sehen. Diese Staaten besitzen andere Prioritäten und auch andere Probleme als früher. Hinzu kommt die Befürchtung, dass möglicherweise die FAO (Food and Agriculture Organisation) diese Spezialpferderasse, wenn die Zahl der registrierten Tiere unter ein bestimmtes Minimum sinkt, von ihrer Liste unwiederbringlich streicht.

Tragtiereinsatz mit Originalsattel
Foto: Archiv Oberfeldveterinär Dr. Franz Edler von Rennenkampff

Sogar die Bundeswehr hat sich die dargestellten Vorzüge des Bosnischen Gebirgspferdes zu eigen gemacht und die Pferde während ihres EUFOR-Einsatzes in Bosnien und Herzegowina eingesetzt. Der Bürgerkrieg in Bosnien-Herzegowina zwischen Serben, Kroaten und Teilen der bosnischen Bevölkerung (1992-1995) war der folgenschwerste militärische Konflikt in Europa seit dem Zweiten Weltkrieg. Mehr als 100.000 namentlich identifizierte Tote, Hunderttausende Verletzte, Hunderttausende Vertriebene, verwüstete Landstriche, Milliarden-Schäden. Zur Sicherung des Ende 1995 erzwungenen Friedens wurde die internationale Schutztruppe Ifor eingesetzt, die später in Sfor umbenannt wurde. Neun Jahre später übernahm die EU die Friedenssicherung (Eufor). Weil sich die Sicherheitslage verbesserte, konnten immer mehr deutsche Soldaten nach Hause zurückkehren.

Zuletzt hatte der Bundestag das Mandat Anfang Dezember 2011 verlängert. Es lässt den Einsatz von bis zu 800 Soldaten zu. Bereits zuvor war die deutsche Beteiligung drastisch reduziert worden. Die letzte größere Einheit der Bundeswehr mit mehr als 100 Soldaten verließ Ende September 2012 endgültig das Land.

Auch Soldaten des Tragtierwesens 230 und PzGrenBtl 391 setzten einheimische bosnische Gebirgspferde ein. Die nur schlecht erschlossenen gebirgigen Gegenden und zerstörte Straßen erlaubten besonders bei schlechter Witterung kein anderes Fortbewegungsmittel. In erster Linie dienten die Lastpferdetransporte der Errichtung und Versorgung von Beobachtungsposten in den Bergen: Vornehmlich ging es um Freischärler und Waffenschmuggler, die selbst auch diese Pferde als Reit- und Tragtiere einsetzten.

Das Einsatz- und Ausbildungszentrum für Tragtierwesen 230 (Eins-/AusbZ f. TrgTWes 230) ist eine Nachschubeinheit des deutschen Heeres mit Standort in der Hochstaufen-Kaserne in Bad Reichenhall. Dieses Zentrum ist in etwa der Größe einer Kompanie vergleichbar. Es zählt zu den Heereslogistiktruppen und ist Teil der Gebirgsjägerbrigade 23 und deshalb Teil der deutschen Gebirgstruppe.

Bilder vom Bundeswehr-Einsatz der Bosnischen Gebirgspferde 2002-2012 in Bosnien-Herzegowina

Fotos: Archiv Oberfeldveterinär Dr. Franz Edler von Rennenkampff

VIII Die aktuelle Situation des Bosniaken

Es werden in Borike zwar noch Fohlen geboren, aber ihre Zukunft ist sehr ungewiss
Foto: F. Hainbuch

1. Die Internationale Züchtervereinigung

Nach wiederholten Anläufen von Anton Dolinšek - "Ergela" (Gestüt) Planido, haben die Besitzer der Gestüte Borike, Planido, Gorski Kotar, Prof. Dr. R. Telalbašić und Mag. E. Žiga am 30. Juni 2009 eine Absichtserklärung unterschrieben, eine Vereinigung der Züchter des bosnischen Gebirgspferdes zu gründen. A. Dolinšek wurde mit der Vorbereitung aller Tätigkeiten und Verfahren beauftragt.

Nach einer intensiven und arbeitsreichen Vorbereitungszeit von Anton Dolinšek in Zusammenarbeit mit Damir Voloder und Enver Žiga, die wirklich alles Notwendige in mühsamer Kleinarbeit vorbereitet hatten, wurde am 6. März 2010 in Borike, auf dem Gestüt Borike die Internationale Vereinigung der Züchter des bosnischen Gebirgspferdes BBK (BBK= Bosanski Brdski Konj) mit Sitz in Slowenien, Rtiče 1, 1414 Podkum, gegründet.

Die Gründungsmitglieder der Vereinigung sind: Tomo Ujić und Radomir Vučak, Ergela Borike, Anton und Aline Dolinšek, Ergela Planido, Damir und Goran Voloder, Ergela Gorski Kotar, Jagoš Dakić, Ergela Jagoš, Mladen Stojanović, Agentur für Zucht und Zuchtwahl in der Viehzucht, Banja Luka, RS, Mag. Enver Žiga, Prof. Dr. Refik Telalbašić, Alma Rahmanović, Dinno Kassalo, Dušan Planojević, der langjährige Verwalter des Ergela Borike und andere Anwesende.

Die Gründungsversammlung bestellte auch den Vorstand und den Aufsichtsrat, die Zuchtkommission und das Ehrengericht. A. Dolinšek wurde einstimmig zum Vorsitzenden der Vereinigung gewählt. Die Gründungsversammlung verabschiedete das Statut der Vereinigung und das Zuchtprogramm für bosnische Gebirgspferde. Weiter ernannte die Versammlung Prof. Telalbašić zum Ehrenvorsitzenden auf Lebenszeit und D. Planojević zum Ehrenmitglied.

Das einstimmig beschlossene Zuchtprogramm, das für alle Mitglieder und andere, die BBK in der reinen Rassen züchten oder züchten werden, verbindlich ist, wurde von Prof. R. Telalbašić, A. Dolinšek, Mag. Janez Rus und Dr. Matjaž Mesarič von der Veterinärfakultät, Institut für die Zucht und Gesundheitsschutz von Huftieren aus Ljubljana, in Zusammenarbeit und Beratung mit noch existierenden Züchtern von reinrassigen bosnischen Gebirgspferden, zusammengesetzt. Das Zuchtprogramm ist auf einer seit über hundert Jahren bestehenden Tradition und den Zuchterfolgen der Reinrassenzucht auf Borike, und unter Berücksichtigung der Forschungsergebnisse von anerkannten Experten der Hippologie, besonders Prof. Dr. Fahrudin Hrasnica, begründet.

Hauptaufgaben der Vereinigung:

- Öffentliches Interesse an den BBK zu wecken
- bestehende und zukünftige Züchter von BBK in Kontakt und Austausch zu bringen
- den Tatbestand der BBK in den Ex-Jugoslawischen Staaten und im Ausland festzustellen und zu beobachten
- den Platz und Wert von BBK als einer der ältesten autochthonen Rassen auf dem europäischen Kontinent mit modernen wissenschaftlichen Forschungsmethoden zu bestätigen
- Züchter bei ihren Bemühungen um die Erhaltung dieser gefährdeten Pferderasse zu unterstützen
- die BBK Pferderasse auf dem Niveau der EU zu schützen
- die Rasse zu promovieren und Züchtern dabei zu helfen, die Gesamtzahl der BBK langsam zu erhöhen
- Mitglieder und die breite Öffentlichkeit über die BBK-Rasse zu informieren und nach Möglichkeit auszubilden
- mit betreffenden Fachinstitutionen und Organisationen zusammenzuarbeiten

- ein Buch über BBK und andere Publikationen, Faltblätter usw. herauszugeben
- den Status einer Zuchtorganisation zu bekommen
- Organisation und Hilfe bei der jährlichen Untersuchung und Registrierung von Fohlen und der Aufnahme von Stuten und Hengsten in das Zuchtbuch
- Führen eines zentralen Stammbuches und eines Zuchtbuches in Zusammenarbeit mit der entsprechend anerkannten Institution
- Herausgabe von Identifikationsunterlagen für alle BBK in Zusammenarbeit mit der entsprechenden Fachinstitution

Eine persönliche Randbemerkung:

Ein großes Problem ist, dass der Name BBK eigentlich falsch ist, da die Frage der BBK-Pferderasse gestellt wird, obwohl in dem SHS-Staat und dem Königsreich Jugoslawien und auch im Ex-Jugoslawien BBK von den Behörden und von allen Experten, unabhängig von der Nationalität, als "unser", also als das gemeinsame autochthone Pferd angesehen wurde, bezogen auf das Gesamtgebiet des damaligen Jugoslawien. Leider wollen die neuen Staaten im ex-jugoslawischen Gebiet nichts über BBK hören oder verstehen. Meistens ist die Ursache politisch, obwohl wir mehr als siebzig Jahre in einem gemeinsamen Staat gelebt haben.

(Anton Dolinšek)

2. Zucht des typischen Gebirgs-/Last-/Tragpferdes

Die bedrohliche Situation für das Bosnische Gebirgspferd war der Auslöser dafür, dass sich Züchter und Pferdehalter vor allem in den Ländern Bosnien, Serbien, Kroatien, Slowenien und Deutschland zusammengeschlossen haben.

Ungeachtet der völlig veränderten Bedürfnisse und Gebrauchsweisen des bosnischen Gebirgspferdes in der heutigen Zeit wollen wir Züchter in Übereinstimmung mit dem beschlossenen Zuchtprogramm das typische Gebirgs-Last/Tragpferd erhalten und weiterzüchten.

Borike-Stute von 2013 mit dem typischen Brandzeichen
Foto: F. Hainbuch

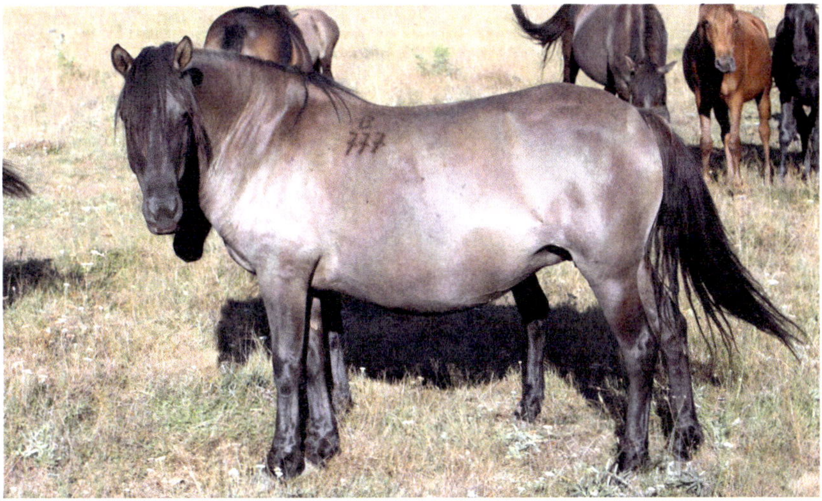

Die Grundeigenschaften des bosnischen Gebirgspferdes dieses angestrebten Typs stellen wir wie folgt dar:

Stockmaß:	Hengste:	132 - 144 cm
	Stuten:	130 - 142 cm
Farben:	alle Farben; nur kein grau, keine Schecken und Flecken, keine Schimmel, mit möglichst wenig weißen Abzeichen. Kleine weiße Abzeichen auf dem Kopf und ausnahmsweise auf den Beinen sind erlaubt	
Körperbau:	Kopf:	mittelgroß, edel, trocken, große, lebendige Augen, gerades Profil
	Hals:	mittellang, gut aufgesetzt, gut bemuskelt
	Köper:	lang, breit und tief; Widerrist niedriger, gut geformt, Schulter etwas schräg, Rücken gut bemuskelt, flexibel, mit kurzer, breiter und gut bemuskelter Lendenpartie, Kruppe breit, mäßig abfallend, gut bemuskelt
Fundament:	korrekt, fest, aber trocken, mit gut ausgeprägten Gelenken; Hinterhand etwas säbelförmig, Hufe fest, korrekt geformt	

Bewegung:	lebendig, gleichmäßig, flexible, etwas kadenziert, ausladend und mit genug Schwung, im korrekten vier-Takt-Gang, zwei-Takt-Trab und einer reinen drei-Takt-Galoppade; besonders wichtig ist die gute Springtechnik
Besondere Eigenschaften:	Feste Konstitution, Ausdauer, gute Ausnutzung des Futters, gute Fruchtbarkeit, sowohl für alle Arten des Spitzenreitsports als auch für den Freizeitgebrauch geeignet

BBK reifen spät, und erst mit vier Jahren erreichen sie die für verschiedene Arbeiten notwendigen Körpermaße, und sind erst mit sechs Jahren voll ausgereift. Die Proportionalität des Körpers muss in Bezug auf den Gebrauch als Lastpferd und Reitpferd beachtet werden. Das Decken ist nach Vollendung des dritten Jahres erlaubt, empfehlenswert aber erst ab dem vierten Lebensjahr.

Der Leithengst der Borikeherde in Aktion
Fotos: F. Hainbuch

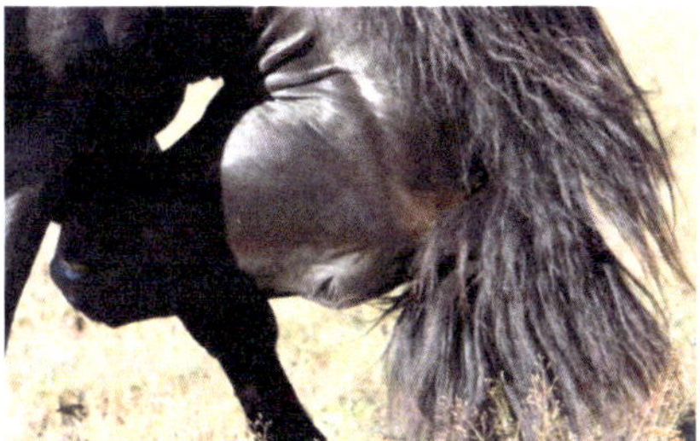

Ein Blick auf die 70-80 Tiere umfassende Herde, die sich auf ca. 300 ha frei bewegen kann – August 2013

Fotos: F. Hainbuch

Der eurysome (breitwüchsig, strahlt Behäbigkeit aus, der Körper wirkt gedrungen) Typ des bosnischen Gebirgspferdes ist die Grundlage des heutigen Zuchtziels. Das bewirken ausgesprochen tiefe, breite Brust, mit kurzen Röhrenknochen, und eine stark entwickelte Muskulatur. Im Gegensatz zu eurysomen haben die leptosomen Typen längere Röhrenknochen, sind flacher und schmaler und haben normalerweise einen kurzen Rumpf. Zwischen den beiden Typen gibt es noch Zwischenformen.

Es muss betont werden, dass es in der Vergangenheit bei dem bosnischen Gebirgspferd keine systematische Zuchtwahl in einer bestimmten Zuchtrichtung gab, weder in die Richtung als Last-, Reit- oder Zugpferd. Im Gegenteil: Es fand eine natürliche Auswahl in der Richtung der allgemeinen Gesundheit, Widerstandsfähigkeit und Fruchtbarkeit statt. Das war aber nicht das Werk des Menschen, sondern der Natur selbst und hat über Jahrhunderte so funktioniert.

Der Anteil der rein grauen Pferde hat in der Vergangenheit in der Landeszucht sehr stark abgenommen, was das Resultat einer geplanten Bedeckung von Stuten aus der Landeszucht unter dunkelfarbigen reinrassigen Zuchthengsten und somit die Grundfarbe war. Bei der reinen Zucht der bosnischen Gebirgspferde wurden graue Pferde aus der Zucht ausgeschlossen.

3. Die Zukunft der BBK-Rasse

Bei der BBK-Pferderasse war die Zucht in den Gestüten entscheidend für die Konsolidierung der Rasse im Typ und Rahmen. In den Gestüten Borike, Planido, Gorski Kotar und Žiga werden der Ur-Typ erhalten und reinrassige BBK gezüchtet. Im Gebiet von Bosnien und Herzegowina sind in den letzten Jahren viele Mischlinge im BBK-Typ, und auch Herden von sogenannten wilden, im Krieg entlaufenen und verlassenen Pferden im BBK-Typ erschienen. Die reinrassige BBK-Zucht wurde so nur im Gestüt Borike in einer kleinen Anzahl erhalten.

Langfristig kann die Rasse nur mit der Integrierung und Regelung der Landeszucht auf dem Gebiet von Bosnien und Herzegowina erhalten werden. Trotz aller Versuche erholte sich aber die Landeszucht von BBK, wahrscheinlich wegen der politischen und ökonomischen Verhältnisse, nicht und konnte folglich auch nicht aufleben. Also bleibt wahrscheinlich die letzte Population der reinrassigen BBK-Zucht in Bosnien und Herzegowina fast allein in den Gestüten Borike und Žiga.

Um die Erhaltung und Zukunft des bosnischen Gebirgspferdes zu sichern, wurde diese beschriebene Initiative der Internationalen Vereinigung der Züchter des bosnischen Gebirgspferdes von A. Dolinšek, D. Voloder und E. Žiga im Jahr 2010 auf Borike gegründet. In den letzten Jahren werden Versuche unternommen, das Interesse an der Zucht von BBK durch die Vereinigung und unter der Mitarbeit einiger Enthusiasten und Liebhaber von BBK zu stärken und zu beleben. Züchter und Liebhaber, wie z.B. Enver Žiga, Armin Arnautović, Dinno Kassalo, Abdulah Imamović und Armin Hrvić in Bosnien, Anton und Aline Dolinšek, Uroš Zalokar, Tomaž Jerlah, Ivan Mlakar, Mojca Savski und Gonpo Kyab, Nada und Nuša Jakopič, Daphne Levac Cornelissen, Bojan Winkler Krbavčič, Sandi Katona, Zvonimir Kolenc, Sara Matičič, Eva Žvelec, Mojca Čibej in Slowenien, Damir und Goran Voloder, Lazo Mamula, Turković Damir Voloder, Maročić Boris, Kauzlarić Berislav, Vujnović Vitomir, Kosanović Jovica und Dario Bošnjak in Kroatien, Mladen Čobić in Serbien setzen die Arbeit für die Erhaltung von BBK ohne jegliche Hilfe von Staatsinstitutionen fort.

Die Zukunft der BBK ist eng mit der Zukunft von Bosnien und Herzegowina verbunden. Die Beharrlichkeit und Bemühungen von Einzelpersonen erhalten im Moment wenigstens die Reste der einst riesigen, zahlenstärksten und wichtigsten Pferderasse auf dem Balkan. Die Rasse wurde trotz der Versuche, sie besonders mit Arabern zu veredeln, in ihrer mehr oder weniger ursprünglichen Form erhalten. Die natürliche Zuchtwahl und die hippologische Praxis in der BBK-Zucht mit ihren Maßnahmen (Hrasnica, Ogrizek) haben einen stärkeren Einfluss von anderen Pferderassen auf die ursprüngliche BBK-Population verhindert. Die wichtigsten von ihnen sind karge Zuchtverhältnisse, die einen Druck in der Zuchtwahl ausübten, der genügsame, robuste und zähe Tiere favorisierte, und die Nutzung der Pferde als Lastpferde im schwer zugängigen und unbewohnten Gelände. So haben sich, trotz der ständigen Einbringung von Araber-Genen, in der Population diejenigen Individuen durchgesetzt, bei denen die für die Ursprungspopulation charakteristischen Anpassungen an die spezifische Umgebung ausgeprägter waren. Durch die Jahrhunderte ermöglichte das eine Konsolidierung der Genbasis, die nach Meinung der oben genannten Hippologen die Erhaltung der für das Überleben und Bestehen der BBK- Eigenschaften sicherstellt. Reinrassige BBK werden zwar noch (Stand 2013/2014) im Gestüt Borike gezüchtet, dem aber in den letzten Jahren der Finanzmangel, die unsachgemäße Leitung, der Mangel an fachlich kompetenter Arbeit und organisatorische Schwierigkeiten sehr zu schaffen machen.

Das jetzt private! Gestüt Borike stellt die Erhaltung und Förderung der BBK-Zucht nicht mehr sicher, da eine „kritische Grenze" in der Zucht schon überschritten wurde. Von dem einst vorbildlich organisierten Gestüt, das auch außerhalb der ex-jugoslawischen Grenzen bekannt war, das schon immer der Kern des genetischen Materials der BBK war und eigentlich auch weiterhin sein sollte, sowie die besten natürlichen Bewuchs- und Geländegegebenheiten für die Entwicklung der Pferdezucht nach wie vor hat, ist heute wenig übriggeblieben. In den letzten Jahren sind die BBK sich selbst überlassen, auch im Winter sind sie draußen im Freien ohne genügend Futter. Früher wurden sie in den Wintermonaten in der Nacht im Stall angebunden. Jetzt werden sie schon den dritten Winter nicht mehr angebunden, es wird mit ihnen nicht gearbeitet, sie haben fast keinen Kontakt mit Menschen, deswegen sind sie nicht sozialisiert und die jüngeren Generationen sind halb wild. Auf der Weide stehen zusammen alle Pferdekategorien und der Deckhengst. So kommt es zur Bedeckung von jungen, ein- bis zweijährigen Stutfohlen, was viel zu früh ist und oft für die volle und maximale Entwicklung schädlich. Darüber hinaus deckt der Hengst oft auch seine eigenen Töchter, was die Inzucht in der ohnehin kleinen und geschlossenen Population von ca. 70-80 Pferden noch vermehrt. Die Evidenzhaltung von Fohlen ist mangelhaft oder fehlt völlig.

In den letzten zwei Jahren gab es kaum eine Kennzeichnung durch einen Brand oder Chipieren. Es ist schon passiert, dass bei Fohlen, die nach dem Absetzen von den Stuten verkauft worden sind, die Eltern nicht bekannt waren, also waren sie für eine reinrassige Fortführung der Zucht nicht geeignet. Die meisten Fohlen und einige Zweijährige sind in den letzten Jahren trotz verschiedener dringender medialer Hilferufe, wie zuletzt durch die Gesellschaft der Freunde, Förderer und Züchter des Bosnischen Pferdes e.V., beim Metzger gelandet. Falls diese Situation noch ein paar Jahre so weitergeht, wird das beste Genmaterial meist vernichtet oder für immer verloren sein. Das würde sich zu einer Katastrophe auswirken und wäre ein schwerer Schlag für die Bemühungen, die BBK-Rasse zu erhalten.

Im Moment hat ein jüngerer Mann das Gestüt gemietet und verhandelt mit der Bank über den Kauf. Über den Winter ca. 20 BBK verschwunden, einige sind umgekommen und einige wurden gestohlen. Er will die Pferde behalten, sowohl die Araber als auch die Bosnischen Gebirgspferde, jedoch nicht so viele. Im Moment hat er die Arbeiter, die mit den Pferden gearbeitet haben, wieder eingestellt, Futter für die Pferde gekauft, die Umgebung des Hotels wird in Ordnung gebracht, die Paddocks usw. Anton Dolinsek hat ihm Hilfe im fachlichen Sinn angeboten, bei der Selektion, Prüfungen, Bedeckungen.

Wir werden abwarten müssen, ob er seine Versprechen auch einhält und realisiert.

„Was wird kommen?" scheint diese Stute zu "denken"
Foto: F. Hainbuch

Auch der Junghengst interessiert sich für die Zukunft

Die Stute scheint abzuwarten

Fotos: F. Hainbuch

Fotos bei Anton Dolinšek:

Museum

Eindrücke der heutigen Zuchtstationen in Bosnien, Kroatien und Slowenien
Fotos 1-3: F. Hainbuch

Wohnhaus mit Blick auf die weitläufigen Weiden

Seine Herde

Fachgespräche zwischen Anton Dolinšek und Friedrich Hainbuch
Foto: M. Bobic

Fotos bei Damir Voloder in Kroatien:

Seine Herde

Anton Dolinšek und Enver Žiga bei der Pferdeinspektion

Fotos: F. Hainbuch

Fotos bei Enver Žiga:

Enver Žiga zeigt seinen Nachwuchs

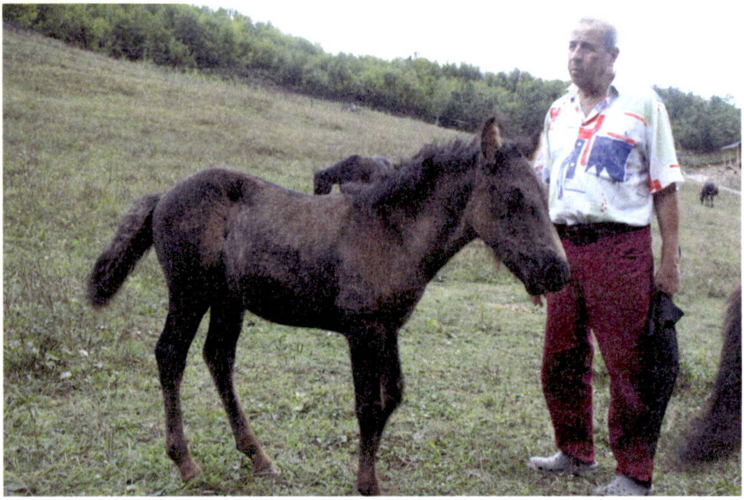

Seine Pferde haben ca. 16 ha Weide zur Verfügung

Fotos: F. Hainbuch

Um die Erhaltung der BBK sicherzustellen, haben einige eifrige Mitglieder der Internationalen Vereinigung der Züchter von BBK eine eigene Zucht gegründet. 2003 hat Anton Dolinšek ein Gestüt in Herzegowina gegründet, das später nach Slowenien verlegt wurde. 2007 hat Damir Voloder in Zusammenarbeit mit Anton Dolinšek die BBK-Zucht in Kroatien formiert und 2011 Enver Žiga in Bosnien. Die meisten Pferde kommen aus dem Gestüt Borike, und einige aus der Landeszucht, um neue Stutenstämme herauszuarbeiten. Im Hinblick auf die Situation im Gestüt Borike ist so zumindest vorübergehend die Hauptmasse des genetischen Materials gesichert, leider hat aber keines der genannten Gestüte und der anderen Einzelzüchter solche natürlichen Gegebenheiten und solche Zuchtmöglichkeiten wie das Gestüt Borike.

Die genaue Anzahl der Pferde im BBK-Typ ist nicht bekannt, da die Pferdezucht in Bosnien und Herzegowina nicht organisiert ist. Auch politische Unstimmigkeiten in dem Gebiet spielen eine Rolle in der Reorganisation der Pferdezucht.

Die Anzahl von reinrassigen BBK ist Besorgnis erregend klein. Alle vier genannten Gestüte und Zuchtzentren zusammen haben 117 BBK aller Kategorien, davon 57 Zuchtstuten und 11 Hengste. Ferner gibt es bei den individuellen Züchtern oder Besitzern in Bosnien und Herzegowina, Slowenien, Kroatien, Serbien und Deutschland noch 35 reinrassige BBK aller Kategorien, davon 12 Stuten und 6 Hengste, also insgesamt 152 BBK in der reinen Rasse. Im Moment erhalten vier größere Züchter mit eigener

Arbeit, ihren finanziellen Mitteln und mit großem persönlichen Einsatz mehr als ¾ aller BBK. Auf jeden Fall wird die Erhaltung dieser wertvollen Rasse, geschweige denn eine Vergrößerung, ohne eine planmäßige Hilfe der Staaten, in denen dieses Pferd reinrassig gezüchtet wird sowie der Europäischen Union mit ihren Institutionen, nicht möglich sein.

Am Ende können wir nur mit Sorge feststellen, dass das bosnische Gebirgspferd extrem vom Aussterben und endgültigen Verschwinden von diesem Globus bedroht ist. Dies gilt es in der nahen Zukunft zu verhindern.

Der „Chef im Ring" bei Anton Dolinšek
Foto: F. Hainbuch

IX Ausblick: Zuchtbemühungen in Deutschland

38 Barut I-8-2 – geb. 12.3.2015 (Besim) – Besitzer: Gesellschaft der Freunde, Förderer und Züchter des Bosnischen Pferdes e.V.
Foto: F. Hainbuch

Import von zwei originalen Bosnischen Gebirgspferden

Am 5. Dezember 2014 war es endlich soweit: Anton Dolinšek aus Podkum, Nähe Ljubljana, startete am frühen Morgen mit den beiden reinrassigen und „richtig echten“ Vertreterinnen des Bosnischen Gebirgspferdes Morina (tragend) und Mruksa.

In den davor liegenden Wochen gab es noch einige Probleme mit den Papieren, mit der Transportgenehmigung (mit lebenden Tieren), aber dann war alles geklärt. So traf dann der Pferdetransporter wohlbehalten am Abend gegen 19:00 bei Tanja Trefz, Backnang, ein. Sie wird nun die Mutterstute als „Vereinspferd“ in der Zukunft betreuen. Gleichzeitig übernimmt sie noch bis zum Frühjahr 2015 die Betreuung von Mruksa, die dann auf die Weiden von Tim Herpolsheimer wechseln wird.

Somit ist es zum ersten Mal gelungen, mit teilweise großzügigen Spenden und dem Mitwirken des Vereins eine derartige Rettungsaktion auch in die Tat umzusetzen.

Bei Tanja Trefz kamen die beiden erstmal für sich auf eine Koppel, auf der sie sich in den nächsten Wochen einleben sollten.

Zwischenzeitlich berichtet Tanja: „Morina und Mrkusa haben sich soweit gut zurecht gefunden. Jedoch klappt das Führen und Anfassen noch nicht so selbstverständlich, wie ich das von meinen Pferden gewöhnt ist. Aber die beiden sind sehr nervenstark und schauen sich alles Neue interessiert und ohne Aufgeregtheit an. Aufgrund der Wettersituation habe ich die Stuten jetzt doch am Stall gelassen. Morina gefällt es in ihrer Box, so dass sie morgens gar nicht raus will, auch legt sie sich immer wieder hin, da ihr Bauch schon recht groß ist."

Die Geburt des ersten „Originalfohlens" auf dem Bosniakenhof in Backnang-Steinbach verlief im März 2015 komplikationslos und gibt uns allen die Hoffnung, dass es uns gelingen wird, diese wertvolle Rasse zu erhalten.

Stammbaum von Besim mit allen Eltern und Großeltern als Fotoserie:

Das neue Hengstfohlen 38 Barut I-8-2 – geb. 12.3.2015 hat den Rufnamen Besim

Foto: F. Hainbuch

Eltern:
2 Morina I – geb. 2008 – Mutter von Besim (38 Barut I-8-2)

14 Barut I-8-Doro – geb. 2010 – Vater von Besim

Fotos: A. Dolinšek

Großeltern:

2 Barut I - B717 – geb. 2004

6 Dinara – geb. 1997

61 Miško XXVI – geb. 1998

743 Morina XIX – geb. 1998

Fotos: A. Dolinšek

Anhang

Pedigrées einiger Bosnischer Pferde in Deutschland

Pedigrée des ersten in Deutschland geborenen reinrassigen BBK
38 Barut I-8-2 – geb. 12.3.2015
Besitzer: Gesellschaft der Freunde, Förderer und Züchter des Bosnischen Pferdes e.V.

Vater: ZB. Nr. Père: No SB BARUT I-8/Doro, 2010, dorat / rj	VV/PP 2 BARUT I - B 717 2004, vranac / vr	57 BARUT XVI 2000	53 BARUT XV 1988
			680 MEDINA LII 88
		740 LASTA LXXXV 1998	54 MIŠKO XXI 1988
			659 LASTA LXXIII
	VM/MP 6 DINARA, 1997, dorat / rj	ČELEBIJA	MIŠKO - B
			DOMAČI ŽREBEC BBK
		DINARA dorat / rj	DOMAČI ŽREBEC BBK
			DINARA
Mutter: ZB. Nr. Mère: No SB 2 MORINA I / Mrka 2008, tamni dorat / trj	MV/PM 61 MIŠKO XXVI 2003, vranac / vr	54 MIŠKO XXI 1988	46 MIŠKO XVII 1974
			1006 BRANKA XXIV
		651 MICA XXVIII 1986	47 BARUT XII 1976
			479 MICA XVI 1974
	MM 743 MORINA XIX, 1998, tamni dorat	55 MIŠKO XXII 1988	46 MIŠKO XVII 1974
			1018 ISKRA LI-HP
		556 MORINA VIII 1979	42 BARUT X 1963
			428 MORINA V 1964

Mrkuša – geb. 2013
Besitzer: Tim Herpolsheimer

Vater: ZB. Nr. Père: No SB 3 DURMITOR I 2006	VV/PP ROKO	DORO	
		VIŠNICA	
	VM/MP LJUTA	IGNJAT	
		ZALJUTNICA	
Mutter: ZB. Nr. Mère: No SB 1 MRKUŠA 1998	MV/PM MIŠKO - B	MIŠKO - B	
	MM MRKUŠA	MIŠKO	
		MRKA	

Misko XVI-Rasin DE 484820354512 – geb. 26.06.2012

***Besitzer:** Verena Ludwig*

Vater: ZB. Nr. Père: No SB RAMIRO	VV/PP BOZO		
		RUZA	
	VM/MP RAIKA	MIŠKO	
Mutter: ZB. Nr. Mère: No SB FEDORA	MV/PM BARUT I (1984)	(Bosn.) 2147 BARUT	36 BARUT VII 1958 279 LASTA XXV
		St. 733006275 BARKA (1975)	(Bosn.) 2147 BARUT DINARKA S2152
	MM FIONA		

2 Morina I / Mrka – geb. 23.03.2008

***Besitzer:** Gesellschaft der Freunde, Förderer und Züchter des Bosnischen Pferdes e.V.*

Vater: ZB. Nr. Père: No SB 61 MIŠKO XXVI 2003	VV/PP 54 MIŠKO XXI 1988	46 MIŠKO XVII 1974	
		1006 BRANKA XXIV 1986	
	VM/MP 651 MICA XXVII 1986	47 BARUT XII 1976	
		479 MICA XVI 1974	
Mutter: ZB. Nr. Mère: No SB 743 MORINA XIX 1998	MV/PM 55 MIŠKO XXII 1988	46 MIŠKO XVII 1974	
		1018 ISKRA LI 1969	
	MM 556 MORINA VIII 1979	42 BARUT X 1963	
		428 MORINA V 1964	

Lishka – geb. 29.4.2004

Besitzer: Petra Leckler

Vater: ZB. Nr. Père: No SB AGRAM (1991)	VV/PP		
	VM/MP BRANKA		
Mutter: ZB. Nr. Mère: No SB LAWINA (1991)	MV/PM BARUT I (1984)	(Bosn.) 2147 BARUT	36 BARUT VII 1958
			279 LASTA XXV
		St. 733006275 BARKA (1975)	(Bosn.) 2147 BARUT
			DINARKA S2152
	MM LASTA (1984)		

Balavac – geb. 3.5.2003

Besitzer: Dr. Hermann-Josef Ant

Vater: ZB. Nr. Père: No SB BARUT I (1984)	VV/PP (Bosn.) 2147 BARUT	36 BARUT VII 1958	23 BARUT IV 1950
			228 BRANKA IV
		279 LASTA XXV	26 MIŠKO VI
			70 LASTA XXV
	VM/MP St. 733006275 BARKA (1975)	BARUT (Bosn.) 2147	36 BARUT VII 1958
			279 LASTA XXV
		DINARKA S2152	25 MIŠKO V
			227 DINARKA XIV
Mutter: ZB. Nr. Mère: No SB MORINA (1990)	MV/PM		
	MM BRANKA		

Luna – geb. 14.5.2000
Besitzer: Sandra Pauken

<table>
<tr><td rowspan="8">Vater: ZB. Nr.
Père: No SB

BARUT I (1984)</td><td rowspan="4">VV/PP

(Bosn.) 2147
BARUT</td><td rowspan="2">36 BARUT VII 1958</td><td>23 BARUT IV 1950</td></tr>
<tr><td>228 BRANKA IV</td></tr>
<tr><td rowspan="2">279 LASTA XXV</td><td>26 MIŠKO VI</td></tr>
<tr><td>70 LASTA XXV</td></tr>
<tr><td rowspan="4">VM/MP

St. 733006275
BARKA 1975</td><td rowspan="2">(Bosn.) 2147 BARUT</td><td>36 BARUT VII (1958)</td></tr>
<tr><td>279 LASTA XXV</td></tr>
<tr><td rowspan="2">DINARKA S2152</td><td>25 MIŠKO V</td></tr>
<tr><td>227 DINARKA XIV</td></tr>
<tr><td rowspan="8">Mutter: ZB. Nr.
Mère: No SB

LILJANA</td><td rowspan="4">MV/PM</td><td rowspan="2"></td><td></td></tr>
<tr><td></td></tr>
<tr><td rowspan="2"></td><td></td></tr>
<tr><td></td></tr>
<tr><td rowspan="4">MM</td><td rowspan="2"></td><td></td></tr>
<tr><td></td></tr>
<tr><td rowspan="2"></td><td></td></tr>
<tr><td></td></tr>
</table>

Brogg – geb. 30.4.2000
Besitzer: Sonja Schamun

<table>
<tr><td rowspan="8">Vater: ZB. Nr.
Père: No SB

BARUT I (1984)</td><td rowspan="4">VV/PP

(Bosn.) 2147
BARUT</td><td rowspan="2">36 BARUT VII 1958</td><td>23 BARUT IV 1950</td></tr>
<tr><td>228 BRANKA IV</td></tr>
<tr><td rowspan="2">279 LASTA XXV</td><td>26 MIŠKO VI</td></tr>
<tr><td>70 LASTA XXV</td></tr>
<tr><td rowspan="4">VM/MP

St. 733006275
BARKA</td><td rowspan="2">(Bosn.) 2147 BARUT</td><td>36 BARUT VII 1958</td></tr>
<tr><td>279 LASTA XXV</td></tr>
<tr><td rowspan="2">DINARKA S2152</td><td>25 MIŠKO V</td></tr>
<tr><td>227 DINARKA XIV</td></tr>
<tr><td rowspan="8">Mutter: ZB. Nr.
Mère: No SB

SINA</td><td rowspan="4">MV/PM</td><td rowspan="2"></td><td></td></tr>
<tr><td></td></tr>
<tr><td rowspan="2"></td><td></td></tr>
<tr><td></td></tr>
<tr><td rowspan="4">MM</td><td rowspan="2"></td><td></td></tr>
<tr><td></td></tr>
<tr><td rowspan="2"></td><td></td></tr>
<tr><td></td></tr>
</table>

Akiba – geb. 4.4.2000
Besitzer: Charlotte Hainbuch

Vater: ZB. Nr. Père: No SB AGRAM	VV/PP		
	VM/MP BRANKA		
Mutter: ZB. Nr. Mère: No SB LAWINA	MV/PM BARUT I 1984	BARUT (Bosn.) 2147	36 BARUT VII 1958
			279 LASTA XXV
		St. 733006275 BARKA 1975	(Bosn.) 2147 BARUT
			DINARKA S2152
	MM LASTA		

Janosch – geb. 1998
Besitzer: Anke Goetz

Vater: ZB. Nr. Père: No SB BARUT I (1984)	VV/PP (Bosn.) 2147 BARUT	36 BARUT VII 1958	23 BARUT IV 1950
			228 BRANKA IV
		279 LASTA XXV	26 MIŠKO VI
			70 LASTA XXV
	VM/MP St. 733006275 BARKA (1975)	BARUT (Bosn.) 2147	36 BARUT VII (1958)
			279 LASTA XXV
		DINARKA S2152	25 MIŠKO V
			227 DINARKA XIV
Mutter: ZB. Nr. Mère: No SB PERUSCHKA	MV/PM		
	MM		

Lawina – geb. 9.5.1991

Besitzer: Petra Leckler

<table>
<tr><td rowspan="8">Vater: ZB. Nr.
Père: No SB

BARUT I (1984)</td><td rowspan="4">VV/PP

(Bosn.) 2147
BARUT</td><td rowspan="2">36 BARUT VII 1958</td><td>23 BARUT IV 1950</td></tr>
<tr><td>228 BRANKA IV</td></tr>
<tr><td rowspan="2">279 LASTA XXV</td><td>26 MIŠKO VI</td></tr>
<tr><td>70 LASTA XXV</td></tr>
<tr><td rowspan="4">VM/MP

St. 733006275
BARKA (1975)</td><td rowspan="2">(Bosn.) 2147 BARUT</td><td>36 BARUT VII (1958)</td></tr>
<tr><td>279 LASTA XXV</td></tr>
<tr><td rowspan="2">DINARKA S2152</td><td>25 MIŠKO V</td></tr>
<tr><td>227 DINARKA XIV</td></tr>
<tr><td rowspan="8">Mutter: ZB. Nr.
Mère: No SB

LASTA</td><td rowspan="4">MV/PM</td><td rowspan="2"></td><td></td></tr>
<tr><td></td></tr>
<tr><td rowspan="2"></td><td></td></tr>
<tr><td></td></tr>
<tr><td rowspan="4">MM</td><td rowspan="2"></td><td></td></tr>
<tr><td></td></tr>
<tr><td rowspan="2"></td><td></td></tr>
<tr><td></td></tr>
</table>

Die drei "Urmütter - und -vater" der Zucht seit 1986

Barut I – geb. 24.2.1984

<table>
<tr><td rowspan="8">Vater: ZB. Nr.
Père: No SB

(Bosn.) 2147
BARUT</td><td rowspan="4">VV/PP

36 BARUT VII (1958)</td><td rowspan="2">23 BARUT IV 1950</td><td></td></tr>
<tr><td></td></tr>
<tr><td rowspan="2">228 BRANKA IV</td><td></td></tr>
<tr><td></td></tr>
<tr><td rowspan="4">VM/MP

279 LASTA XXV</td><td rowspan="2">26 MIŠKO VI</td><td></td></tr>
<tr><td></td></tr>
<tr><td rowspan="2">70 LASTA XXV</td><td></td></tr>
<tr><td></td></tr>
<tr><td rowspan="8">Mutter: ZB. Nr.
Mère: No SB

St. 733006275
BARKA 1975</td><td rowspan="4">MV/PM

(Bosn.) 2147
BARUT</td><td rowspan="2">36 BARUT VII 1958</td><td>23 BARUT IV 1950</td></tr>
<tr><td>228 BRANKA IV</td></tr>
<tr><td rowspan="2">279 LASTA XXV</td><td>26 MIŠKO VI</td></tr>
<tr><td>70 LASTA XXV</td></tr>
<tr><td rowspan="4">MM

DINARKA S2152</td><td rowspan="2">25 MIŠKO V</td><td></td></tr>
<tr><td></td></tr>
<tr><td rowspan="2">227 DINARKA XIV</td><td></td></tr>
<tr><td></td></tr>
</table>

Darinka – geb. 5.10.1975

Vater: ZB. Nr. Père: No SB MIŠKO K (R) 180 Rp.	VV/PP MIŠKO IV 22	MIŠKO II 16 (1941)	MIŠKO 7 (1928)
			BRANKA Ha (1929)
		DRINA 138 (1939)	BARUT 27 (1929)
			DARINKA 82 (1931)
	VM/MP OLGA I 151	LESAR 19 (1942)	CAKAN 12 (1932)
			LEND 21 (1935)
		OLGA 1 (1939)	CINOS 11 (1931)
			OLINKA (1929)
Mutter: ZB. Nr. Mère: No SB KATI V. 440001862	MV/PM		
	MM		

Mira (Tara) – geb. 28.8.1975

Vater: ZB. Nr. Père: No SB MIŠKO K (R) 180 RP.	VV/PP MIŠKO IV 22	MIŠKO II 16 (1941)	MIŠKO 7 (1928)
			BRANKA 9 (1929)
		DRINA 138 (1939)	BARUT 27 (1929)
			DARINKA 82 (1931)
	VM/MP OLGA I 151	LESAR 19 (1942)	CAKAN 12 (1932)
			LEND 21 (1935)
		OLGA 1 (1939)	CINOS 11 (1931)
			OLINKA (1929)
Mutter: ZB. Nr. Mère: No SB LOLA K (R) H1121 Rp.	MV/PM YORK K (S/t) 503	JUSTUS W.S.Pr.H.25	FAVORITE Pr.H.12
			unbekannt
		Stute Nordkirchner Wildbahn	
	MM LUDMILLA K (S/t) SA 172	TEIFUN K (SH) 293	KOHIMMOR ox
			SAHIBE NIGRA
		LOLA K (SH) S178	MANDARIN 208
			LORE S221

Infoseiten

Gesellschaft der Freunde, Förderer und Züchter des Bosnischen Pferdes e.V.

Im Juli 1986 wurde auf Initiative mehrerer langjähriger Distanzreiter die „Gesellschaft der Freunde, Förderer und Züchter des Bosnischen Pferdes e. V." gegründet mit Sitz in 53343 Wachtberg-Fritzdorf. Der Verein hat sich zur Aufgabe gestellt, das reinrassige Bosnische Gebirgspferd in Deutschland zu erhalten, damit es nicht ausstirbt. Zum anderen will er dafür Sorge tragen, dass der ursprüngliche Typ dieser Pferderasse wieder stärker gefördert wird (bis zu einem Stockmaß von 145 cm).

Kontakt:

Gesellschaft der Freunde, Förderer und Züchter des Bosnischen Pferdes e.V.

Petra Leckler
Achtmorgenweg 62
D-53343 Wachtberg

Telefon:	0228 289 47 73
Fax:	0228 350 47 39
e-mail:	p.leckler@t-online.de
web:	www.bosnische-pferde.de

Wir sind auch bei Facebook: Dort einfach nach „Gesellschaft der Freunde, Förderer und Züchter des Bosnischen Pferdes e.V.“ suchen.

Spenden erbeten auf

Volksbank Wachtberg eG

Konto	305 161 012
BLZ	370 698 05
IBAN	DE21 3706 9805 0305 1610 12
BIC	GENODED1WVI

Auf Wunsch werden auch Spendenquittungen ausgestellt.

Internationale Vereinigung der Züchter von Bosnischen Gebirgspferden

Nach wiederholten Anläufen von Anton Dolinšek - "Ergela" (Gestüt) Planido, haben die Besitzer der Gestüte Borike, Planido, Gorski Kotar, Prof. Dr. R. Telalbašić und Mag. E. Žiga am 30. Juni 2009 eine Absichtserklärung unterschrieben, eine Vereinigung der Züchter des bosnischen Gebirgspferdes zu gründen. A. Dolinšek wurde für mit der Vorbereitung aller Tätigkeiten und Verfahren beauftragt. Am 6. März 2010 wurde in Borike, auf dem Gestüt Borike die Internationale Vereinigung der Züchter des bosnischen Gebirgspferdes BBK (BBK= Bosanski Brdski Konj) mit Sitz in Slowenien, Rtiče 1, 1414 Podkum, gegründet. Das Zuchtprogramm ist auf einer seit über hundert Jahren bestehenden Tradition und den Zuchterfolgen der Reinrassenzucht auf Borike, und unter Berücksichtigung der Forschungsergebnisse von anerkannten Experten der Hippologie, besonders Prof. Dr. Fahrudin Hrasnica, begründet.

Kontakt:

Rtiče 1
1414 Podkum
Slowenien

e-mail: planido@siol.net
web: www. bosnianhorse.com

Universität Ljubljana: Dr. Mesarič, DVM

Dr. Matjaž Mesarič studierte Veterinärmedizin an der Veterinärmedizinischen Fakultät, Universität in Ljubljana. Seit 2003 ist er Mitarbeiter am Institut für die Zucht und Gesundheitsschutz von Huftieren an der Veterinärmedizinischen Fakultät in Ljubljana. Mit seiner Dissertation über die Genetik der slowenischen Pferderassen und die Evolution der Familie der Pferde mit Determinierung des sry Gens konnte er die wissenschaftlichen Forschungen über autochthone Pferderassen etablieren. Ab 2010 ist er Vorsitzende des Instituts. Seit dem Jahr 2010 ist er Vorsitzende der Zuchtkommission in dem Internationalen Verband der Züchter des Bosnischen Gebirgspferdes. Seit 2003 ist er in der Forschung in den Bereichen Populationsgenetik, Molekulargenetik, Tierzüchtung und Zuchtplanung mit Schwerpunkt Pferd: – Züchtung und Zuchtplanung, Selektion – Leistungen und Exterieur, Exterieurkunde und morphologische Charakterisierung, Erhaltungszüchtung, genetische Charakterisierung bedrohter Pferderassen tätig.

Kontakt:

Universität Ljubljana
Dr. Matjaž Mesarič, DVM
Gerbičeva 60
1000 Ljubljana

e-mail: matjaz.mesaric@vf.uni-lj.si

SAVE – Einsatz für die Agrobiodiversität

Die industrielle Landwirtschaft gefährdet die Jahrhunderte lange Züchtung von lokalen und angepassten Tieren und Pflanzen. Ihre Selektion alleine nach quantitativen Kriterien könnte im Zuge des Klimawandels eine Sackgasse sein. Wer die Agrobidiversität erhält, schützt das genetische, kulturelle und historische Erbe. Die SAVE-Foundation setzt sich dafür grenzüberschreitend und international vernetzt seit über 20 Jahren ein. SAVE ist aktiv in der Lebenderhaltung gefährdeter Rassen und Kulturpflanzen vor Ort in ihrer Ursprungsregion. Die Stiftung arbeitet mit Züchterorganisationen zusammen, stellt Koordinations-Programme auf und organisiert internationale Meetings und Konferenzen. Die Projekte werden in Konzepte der nachhaltigen Produktion, der ländlichen Entwicklung, des Naturschutzes und des Tourismus eingebunden. Das SAVE Netzwerk-Büro in Wageningen (Holland) pflegt die internationalen Kontakte, die Beziehung zu den 22 Partnern und setzt sich auf politischer Ebene für die Agrobiodiversität ein, während das SAVE-Projektbüro in St. Gallen (Schweiz) die Arbeit von Partnerorganisationen vor allem in Osteuropa vor Ort unterstützt. Dank dieser Vernetzung und einer offensiven Öffentlichkeitsarbeit gelingt es SAVE, dem Erhalt der Biodiversität wichtige Impulse zu geben.

Kontakt:

www.save-foundation.net
www.agrobiodiversity.net
www.arca-net.info
www.elbarn.net
www.fruit-net.info
www.variety-savers.net

Hainbuchenhof

Auf dem Hainbuchenhof leben und arbeiten acht bosnische Gebirgspferde im täglichen Reitunterricht, Ausritten und zirzensischen Übungen unter Kindern, jugendlichen und erwachsenen ReiterInnen. Eine besondere Zusatzleistung ist die Lebens-Energie-Beraterung für Tiere (LEB®/T) nach Dr. Erich Körbler.

Charlotte Hainbuch hat am Erhalt und einer wohlüberlegten Reinzucht des Bosnischen Gebirgspferdes in Deutschland in den Jahren von 1987 bis 2005 maßgeblichen Einfluss und einen beachtlichen Anteil gehabt. In diesem Zeitraum erblickten etwa 35 Fohlen auf dem Hainbuchenhof in Wachtberg das Licht der Welt und trugen mit dazu bei, dass das Bosnische Gebirgspferd hier nicht verlorenging.

Kontakt:

Charlotte und Friedrich Hainbuch
Eckendorfer Straße 44
53343 Wachtberg

Telefon: 02225 169 84
e-mail: charlotte.hainbuch@hotmail.de
oder fainbuch@t-online.de
web: www.hainbuchen-hof.de

Bosniakenhof Trefz

Wenn Sie das Außergewöhnliche suchen, dann sind Sie bei uns genau richtig: Hier auf dem Bosniakenhof Trefz züchten wir reinrassige Bosnische Gebirgspferde. Bosniaken sind keine Modepferde – sie sind etwas BESONDERES!

Der Bosniakenhof liegt idyllisch und dennoch verkehrsgünstig im Naturpark Schwäbisch-Fränkischer-Wald, vor den Toren Stuttgarts (ca. 35 km). Bei uns hat Qualität allererste Priorität. Besonderen Wert jedoch legen wir auf einen einwandfreien Charakter. Unsere Zuchttiere sind beim Bayerischen Zuchtverband für Kleinpferde- und Spezialpferderassen e.V. eingetragen. Auf unserer Website finden Sie ausführliche Informationen über jedes einzelne unserer Pferde und zusätzlich alles Wissenswerte zu der Rasse "Bosnisches Gebirgspferd". Haben Sie sich schon einmal gefragt, wie unsere Bosniaken leben? Dann werfen Sie doch einen Blick auf unsere Ställe, Weiden und Paddocks bei der Hofbesichtigung. Wir betreuen gerne auch Ihr Pferd.

Kontakt:

Tanja-Christin Trefz
Handy: 0151 41 803 108
e-mail: bosniakenhof@gmx.de
web: www.bosniakenhof.de

Südhof Döbbrick

Der Südhof Döbbrick beherbergt eine Reitschule und eine Pension und liegt am Rande des Biosphärenreservates Spreewald in der Spreeaue. In der Reitschule setzen wir alte und robuste und zumeist bedrohte Ponyrassen ein.

Damit Sie schnell pferdefreundliches und sicheres Reiten lernen, legen wir besonderen Wert auf eine individuelle Betreuung. Um diese zu gewährleisten, unterrichten wir ausschließlich in kleinen Gruppen oder bieten Einzelunterricht. In ruhiger und familiärer Atmosphäre nehmen wir uns Zeit für Sie. Entsprechend dem Alter und dem Kenntnisstand bieten wir einen fundierten Reitunterricht. Untermauert wird dieser von ausführlichen theoretischen Erklärungen. Zusammen werden wir den besten Weg finden, um Ihre ganz persönlichen Erwartungen im Umgang mit den Ponys und im Reiten zu erfüllen.

Wir freuen uns auf Ihren Besuch!

Kontakt:

Klaus Wildner-von Oesen
Döbbrick Süd 1
03054 Cottbus Döbbrick

Ansprechpartner: Tim Herpolsheimer
Telefon: 0157 83 96 34 39
e-mail: reitschule@reiten-cottbus.de
web: www.reiten-cottbus.de

Angebot
Besichtigung und Vorstellung vom Bosnischen Gebirgspferd
Besichtigung und Vorstellung vom Pferdezimmer
Besichtigung von ethnologischen Sammlung von Bäuerlichen Werkzeuge, Geräte und Ausrüstungen
Besichtigung von einer hölzernen Steinmühle
Besichtigung von einer Handmühle - Mahlstein für mahlen von Getreide
Saisonobst
Eco Lagern, Vorlesungen, Rundtische
Wie kommt man zu uns?
Von der Regionalstraße Zagorje - Trbovlje kehrt man rechts in die Richtung Podkum. Nach 8 Km, sofort nach dem Ortschild Podkum, kehrt man rechts in die Richtung Padež, Rodež. Nach 2 Km erreicht man einen Weiler Rtiče. Unser Bauernhof ist an der Straße, der erste links
Anton und Aline Dolinšek
Rtiče 1, 1414 PODKUM
www.bosanskikonj.si
planido@siol.net
Eco-Pferdezucht
Planido
Netz von ökologischen Landwirtschaften in Zasavje
EK RP

Eco-Pferdezucht

Planido

Der ökologische Ausflugs-Bauernhof und Pferdezucht befindet sich in einer Höhenlage von 300 – 850 m, in unversehrter Natur von Posavje Bergland auf der südlichen Seite von Kum. Auf dem Bauernhof werden Gebirgspferde (eine Bosnische Pferderasse) auf ganz naturliche Art gezuchtet, denn die Pferde sind Draußen in freier Zucht durch das ganze Jahr.

Der Mensch und das Pferd waren schon Jahrtausende untrennbar verbunden und in unserem Pferdezimmer wird dieses Zusammenleben, diese Interdependenz durch zahlreiche Hilfsmittel und Ausrüstung aus deren reichen gemeinsamen Geschichte vorgestellt. Geordnet ist auch eine ethnologische Sammlung von Bäuerlichen Werkzeuge, Geräte und Ausrüstungen, eine hölzerne Steinmühle und eine Handmühle. Man stein für mahlen von Getreide. In der Umgebung kann man neben den Bauernhof auch einen 200 Jahre alten Heustadel, Hamsen und eine nahe liegende Kirche besichtigen. Falls das Wetter schön ist, kann man eine unvergessliche Aussicht auf Kum, Gorjance, Kočevski Rog, Snežnik und auf Julische und Steiner Alpen bewundern.

Mehr Info uber dem Standort der Ortschaft und uber der Erhaltungs-Pferdezucht von der gefährdeten Pferderasse finden Sie auf www.bosanskikonj.si

Netz von ökologischen Landwirtschaften in Zasavje

Bestellen Sie die Benachrichtigungen von den Bauernhöfen!

www.zdruzenje-zekzz.si

Weitere Adressen von Gestüten

Gestüt ENVER ŽIGA
Ratkovci
BiH – 71300 VISOKO
Bosna i Hercegovina
e-mail: enver_ziga@yahoo.co.uk

Das Gestüt liegt ca. 20 km nordwestlich von Sarajevo, in der Nähe der E 761/E 73

Gestüt GORSKI KOTAR
Damir Voloder
Rožman brdo 9
HR – 51326 VRBOVSKO
Hrvatska

Das Gestüt liegt ca. 70 km östlich von Rijeka an der E 65 von Rijeka nach Karlovac.

Gestüt PLANIDO
Anton Dolinšek
Rtiče 1
1414 Podkum
Slowenien
Tel.: 003 86 41 64 06 38
e-mail: planido@siol.net
web: www. bosanskikonj.si

Das Gestüt liegt unweit von Podkum, ca. 10 km südlich des Ortes Zagorje (Straße Nr. 108) und ca. 45 km östlich von Ljubljana.

Das ehemaligen Staatsgestüt
Gestüt BORIKE
BiH – 73225 BORIKE
Bosna i Hercegovina

Das ehemalige Staatsgestüt Borike liegt ca. 100 km südöstlich von Sarajevo, ca. 14 km von Rogatica an der Straße 19-3 entfernt.

Literaturverzeichnis

Grilz-Seger, G. & Druml, T.:
Das Bosnische Gebirgspferd, Graz 2015. (Dr. Druml: Populationsgenetiker, Institut für Tierzucht und Genetik, Wien)

Habe, F. & Telalbašić, R.:
Zuchtstrategie in dem vom Aussterben bedrohten Pferderassen Jugoslawiens, Proc. V. Int. Leipziger Wissenschaftliches Tierzucht-Symposium 15. u. 16. Juni 1988, Bd. 2, S. 533-538.

Hrasnica, F.:
Beiträge zur Kenntnis der Streifung beim bosnischen Gebirgspferde, Zeitschrift für Tierzucht und Züchtungsbiologie, Bd. 41, Heft 3, Berlin 1938.

Hrasnica, F.:
Allgemeine Betrachtungen der Zuchtmethoden und Anwendung derselben in der Zucht des bosnischen Gebirgspferdes, Referat gehalten auf dem 6. Internationalen Viehzucht-Kongress in Kopenhagen 1962.

Hrasnica, F.:
Die Auswertung der Erbtypen in der Züchtung des bosnischen Gebirgspferdes, Zeitschrift für Tierzucht und Züchtungsbiologie, Bd. 70, Heft 2, Hamburg-Berlin 1957.

Melecki, E.:
Das bosnische Pferd, Stuttgart 1923.

Melecki, E.:
Pferdesport in Bosnien, Hannover 1925.

Schäfer, M.:
Grossponys und Kleinpferde, München 1972.

Schmid, D. O. & Mančić, D.:
Blutuntersuchungen beim Bosnischen Pferd, in: Zentralblatt für Veterinärmedizin Reihe A, Vol. 13,1 13.5.2010, S. 75-77. (Wiley Online Library)

Šola, V.:
Das bosnische Pferd, Halle 1912.

Staffe, A.:
Untersuchungen über das bosnische Pferd und seine Verwendung als Tragtier im Gebirgskriege, Wien-Leipzig 1918.

Telalbašić, R. & Pajanović, R.:
Untersuchungen über die Arbeitsleistung der Gebirgspferde als Tragtiere in Jugoslawien = 28. Jahrestagung der europäischen Vereinigung für Tierzucht, Brüssel 22.-28.8. 1975.

Telalbašić, R. & Pajanović, R.:
Über den Einfluss der Inzucht auf die Trächtigkeitsdauer beim Bosnischen Gebirgspferd, Sarajevo 1977.

Telalbašić, R. & Pajanović, R.:
Mehrbelastung der bosnischen Gebirgspferde als Kriterium der Selektion, Züchtung, Ernährung und Wachstum von Pferden = 4. Internationales Leipziger Wissenschaftliches Tierzucht-Symposium 1983.

Žiga, E. & Telalbašić, R.:
The Bosnian Mountain Horse. A Monograph, Sarajevo 2008.

Stichwortverzeichnis